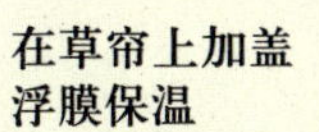

在草帘上加盖
浮膜保温

轨道式卷帘机

棚膜面上拴一些清尘布条，
布条随风左右摆动，自动
清除棚膜上的灰尘

温室前裙膜卷起后
覆盖防虫网

越夏栽培覆盖遮阳网

七立柱 121 型日光温室走道可设在棚内最南端

沃林 3 号

中农 13 号莎龙

中农 10 号

22–33

MK160

黄瓜穴盘育苗

黄瓜靠接苗

黄瓜苗覆盖地膜

用透明塑料绳
给黄瓜吊蔓

黄瓜折迭式落
蔓——诳蔓

摘除黄瓜卷须

抹掉黄瓜雄花

黄瓜膜下暗灌

黄瓜套袋

黄瓜霜霉病

黄瓜炭疽病

黄瓜白粉病

黄瓜靶斑病

黄瓜细菌性
角斑病

黄瓜细菌性
斑点病

黄瓜病毒病

蚜虫为害黄瓜叶

白粉虱为害黄瓜叶

悬挂黄色杀虫板诱杀白粉虱等害虫

蓝色板诱杀蓟马

黄瓜化瓜

寿光菜农科学种菜丛书

寿光菜农日光温室黄瓜高效栽培

胡永军　刘国明　编　著

金　盾　出　版　社

内 容 提 要

本书由山东省寿光市农业局胡永军高级农艺师和该市乡镇农技站刘国明技术员编著。内容包括日光温室的设计与建造，黄瓜新优品种选择，日光温室黄瓜育苗技术、多茬次栽培技术、土壤障碍控防技术、肥水运筹技术、栽培管理经验与新技术、病虫害防治技术等8章。该书贴近蔬菜生产实际，突出科学性、实用性和可操作性，内容新颖，文字通俗易懂，适合广大农民、蔬菜专业户、蔬菜基地生产者和基层农业技术人员阅读，亦可供农业院校相关专业师生参考。

图书在版编目(CIP)数据

寿光菜农日光温室黄瓜高效栽培/胡永军，刘国明编著．-- 北京：金盾出版社，2010.9
(寿光菜农科学种菜丛书)
ISBN 978-7-5082-6516-2

Ⅰ.①寿…　Ⅱ.①胡…②刘…　Ⅲ.①黄瓜—温室栽培
Ⅳ.①S626.5

中国版本图书馆 CIP 数据核字(2010)第 133558 号

金盾出版社出版、总发行
北京太平路5号(地铁万寿路站往南)
邮政编码：100036　电话：68214039　83219215
传真：68276683　网址：www.jdcbs.cn
封面印刷：北京精美彩色印刷有限公司
彩页正文印刷：北京印刷一厂
装订：兴浩装订厂
各地新华书店经销
开本：850×1168 1/32　印张：7.25　彩页：8　字数：160千字
2010年9月第1版第1次印刷
印数：1～10 000册　定价：13.00元

前　言

山东省寿光市农民种菜虽然有着较悠久的传统，但真正以种植蔬菜闻名全国则是在20世纪80年代中期。20世纪80年代初，寿光市三元朱村农民在党支部书记、全国优秀共产党员、2009年被评为"感动中国人物"之一的王乐义同志的带领下，率先试验成功了冬暖式大棚(日光温室)蔬菜生产，从而推动了一场遍及全省乃至全国的"绿色革命"。继而寿光市成为中国最大的蔬菜生产基地，光荣地被国家命名为惟一的"中国蔬菜之乡"。全市蔬菜常年种植面积达到5.33万公顷(80万亩)，总产量达到40亿千克，其中日光温室蔬菜面积达到2.67万公顷(40万亩)。寿光市种植蔬菜收入超过当地农业收入的70%。

寿光市蔬菜生产发展的经验可以总结出许多条，但最根本的经验是依靠科学技术种菜。寿光菜农重视学习蔬菜种植技术，重视总结经验，不断探索和提高蔬菜种植技术水平，因而能不断提高种植效益。特别是近几年，涌现出了不少新典型，摸索和创造出不少新的技术。在寿光市蔬菜生产发展的新形势下，金盾出版社邀请我们围绕"科学种菜"这个主旨，编写一套寿光农民深入开展科学种菜的丛书。为此，我们在市有关部门的支持下，组织市农业局部分农技人员和乡镇一线农业技术人员深入田间地头和农户家中，了解、收集和总结近年来菜农在蔬菜生产中遇到的疑难问题、新的栽培技术和经验以及新的栽培模式，编写了寿光菜农科学种菜丛书。丛书分为《寿光菜农日光温室番茄高效栽培》、《寿光菜农日光温室茄子高效栽培》、《寿光菜农日光温室辣椒高效栽培》、《寿光菜农日光温室黄瓜高效栽培》、《寿光菜农日光温室苦瓜高效栽培》、《寿光菜农日光温室丝瓜高效栽培》、《寿光菜农日光温室冬瓜高效栽培》、《寿光菜农日光温室西葫芦高效栽培》、《寿光菜农日光温室西瓜高效栽培》、《寿光菜农日光温室菜豆高效栽培》10 个分册。丛书力求反映寿光菜农最新种菜技术和经验，力求贴近生产，深入浅出，重视实用性和可操作性；在语言表述上力求简明扼要，通俗易懂。

最后，需要特别说明的是，我们不揣冒昧，在丛书中向广大读者介绍了寿光菜农独创的一些“拿手技术”，虽然这些技术与传统专业书中介绍的有不同之处，但是有它合理和实用的一面，对农民朋友种植蔬菜或许将起到交流、启发和借鉴作用。同时，我们期待将这些体会和做法在生产实践中不断验证、提炼和完善，不断上升到科学的高度。

由于编者水平所限，书中疏漏、不妥之处甚至错误之处在所难免，敬请专家和广大读者批评指正。

丛书编委会

2010 年 9 月

目　录

第一章 日光温室的设计与建造

一、日光温室的设计与建造原则

(一)建造日光温室要因地制宜

寿光的日光温室是根据寿光地理气候的自然条件建立并根据实际情况不断改进完善的一种模式。有些地区不分地域模仿寿光的模式建造日光温室，是造成日光温室采光性、保温性与实种面积不协调，使蔬菜生产陷入困境的重要原因。

各地建造日光温室时，要根据当地经纬度和气候条件，对日光温室的高度、跨度以及墙体厚度等做好调整，以适应当地条件。如东北地区建造的日光温室如果与山东寿光一样，那么日光温室内的采光性和保温性将大为不足；而南方地区的日光温室建造如果与寿光一样，则日光温室的实种面积将受到限制。因此，建造日光温室要根据寿光的经验做到因地制宜。

1. 正确调整日光温室棚面形状和日光温室宽与高的比例 日光温室棚面形状及日光温室棚面角是影响日光温室日进光量和升温效果的主要因素，在进行日光温室建造时，必须从当地实际条件出发，合理选择设计方案。在各种日光温室棚面形状中，以圆弧形采光效果最为理想。

日光温室棚面角指日光温室透光面与地平面之间的夹角。当太阳光透过棚膜进入日光温室时，一部分光能转化为热能被棚架和棚膜吸收(约占 10%)，部分被棚膜反射掉，其余部分则透过棚膜进入日光温室。棚膜的反射率越小，透过棚膜进入日光温室的太阳光就越多，升温效果也就越好。最理想的效果是：太阳垂直照射到日光温室棚面，入射角为零，反射角也为零，透过的光照强度最大。简单地说，要使采光、升温与种植面积较好地结合起来，日光温室宽和高的比例就要合适。不同地区合适的日光温室高与宽的比例是不同的。经过试验和测算，日光温室宽与高的比值可以用下面的公式计算：

日光温室宽∶高＝ctg 理想日光温室棚面角

理想日光温室棚面角＝56°－冬至正午时的太阳高度角

冬至正午时的太阳高度角＝90°－(当地地理纬度－冬至时的赤纬度)

例如，山东省寿光市在北纬 36°～37°，冬至时的赤纬度约为 23.5°(从数学角度看，北半球冬至时的赤纬度应视为负值)，所以寿光市合理的日光温室宽∶高，按以上公式计算为 2～2.1∶1。河北中南部、山西、陕西北部、宁夏南部等地纬度与寿光市相差不大，日光温室宽∶高基本为 2～2.1∶1 左右。江苏北部、安徽北部、河南、陕西南部等地，纬度较低，多在北纬 34°～36°，冬至时的太阳高度角大，理想日光温室棚面角就小，日光温室宽∶高也就大一些，为 2.2～2.4∶1。而在北京、辽宁、内蒙古等地，纬度较高，在北纬 40°地区，日光温室宽∶高也就小一些，为 1.8～1.9∶1。建造日光温室要根据当地的纬度灵活调整。

2. 确定合适的墙体厚度 墙体厚度的确定主要取决于当地的最大冻土层厚度，以最大冻土层厚度加上 0.5 米即可。如山东地区最大冻土层厚度为 0.3～0.5 米，墙体厚度 0.8～1 米即可。辽宁、北京、宁夏等地的最大冻土层厚度甚至达到 1 米，墙体厚度需适当加厚 0.3～0.6 米，应达 1.3～2 米。江苏北部、安徽北部、河南等地，最大冻土层厚度低于 0.3 米，墙体厚度为 0.6～0.8 米即可满足要求。如果墙体厚度薄了，保温性差；厚了，则浪费土地和建日光温室资金。

在寿光市大跨度半地下日光温室开发设计中，为增加保温贮热能力和便于建设施工。墙体一般基部为 3.5 米以上，顶部在 1.5 米左右，墙体内侧基本砌成与栽培床面垂直的墙面，外侧成斜坡，由于建墙大量用土来自栽培床面，使床面挖深达 100 厘米左右。通过几年实践证明，由于墙体的加厚，贮热能力加大，墙体的增高，使温室前坡面采光角度增大，增温效果显著，并且通过下挖充分利用了地温，在冬季比非地下温室温度增高 3℃～5℃，蔬菜在外界－27℃的严寒地带照常生长良好。

3. 确定合适的日光温室间距　日光温室建造的方位应坐北面南，东西延长，这样日光温室内光照分布均匀。两个日光温室之间如距离过大，则浪费土地；过近，则影响日光温室光照和通风效果，并且固定日光温室棚膜等作业也不方便。

理论上，前后两个温室之间的距离应为多少米，前面的温室才不会遮到后面的温室，是由前面温室的高度和当地冬至时太阳高度角所决定的。冬至时太阳高度角最小，同样的墙体对后面的地块遮荫最多，所以应以当地冬至时太阳高度角来计算。

以寿光市为例，冬至时太阳高度角为 29.5°，其余切值为 1.762。它表示前排温室最高点的地面投影到后排温室最前端的距离与前排温室最高点的高度加草苫直径的和的比值为 1.762。所以两个温室之间不遮荫的最小距离＝(前排温室最高点的高度＋草苫的直径)×1.762－前排温室最高点的地面投影到北墙体外缘的距离。

举例说明，假如前排温室的最高点高度为 5 米，所用草苫直径为 1 米。前排温室最高立点的地面投影到北墙体外缘的距离为 6 米。那么，建温室时两温室间不遮荫的最小距离就为(5＋1)×1.762－6＝4.572 米。

在实际应用中，前排温室墙体后缘到后排温室前缘的合适距离为不遮荫最小距离加一个修正值 K。K 的具体大小可根据情况自定。K 值大，后排温室光照好，但土地利用率低；K 值小，土地利用率高，但后排温室光照相对较差。在山东、河北等省 K 值通常为 1.2～1.6 米，前排温室墙体后缘到后排温室前缘的合适距离为 5.8～6.2 米。

（二）设计和建造日光温室需要注意的问题

在设计日光温室时，必须依据地理纬度、气候条件、场地面积、地形等自然情况，处理好日光温室的总体尺寸关系，使总体尺寸关系处于适宜范围，才能使日光温室具有采光性强、保温性好、节能和经济实用的独特优点。高度、跨度、长度配合得当，则采光角度和前后坡水平宽度比例适当，采光增温和贮热保温性能都好，日光温室内范围也得当，既能减轻山墙遮阳成荫影响，也易于控制调节日光温室温度，又有利于作物生长发育和便于人们对作物栽培管理。

老式的"低档日光温室"棚体过矮，过窄，过小，不便于操作，再加上空气湿度大，菜农长期在日光温室内劳动作业，容易患"日光温室综合征"（主要症状是腰、腿痛和肩背不舒服）。20 世纪 80 年代的日光温室大都是高 3 米，跨度为 8 米，长为 50～60 米的泥坯墙体，这种日光温室低矮、空间小，二氧化碳变化大，夜间饱和，白天上午 11 时以后就会缺乏，导致昼夜温差过大，空气湿度大，冬季黄瓜生产容易发病。

但日光温室过长也有缺点：一是日光温室过长、过宽，面积越大，温度就升得慢，降得也慢，昼夜温差过小，营养消耗大，不利于黄瓜增产；二是日光温室过长，有的东西山墙相隔半里路，运输采摘黄瓜时极不方便。

建日光温室的标准不仅要了解地理纬度，还需要了解当地土层厚度等条件。如半地下日光温室只适于土层深厚、地势高燥、地下水位较深的地区，而对于土层薄、或地势低洼、或地下水位高的低纬度地区(如安徽、江苏淮阴),则不宜建造。

寿光市日光温室适宜跨度为9～12米,墙体厚度为1.5～4米,日光温室内走道(水沟)50～70厘米。不同纬度的地区后墙高度也不一样。可根据日光温室棚体特点采取改进措施:一是采用适宜的日光温室棚面角度。采光由日光温室棚面角度和透光率决定,日光温室棚面角度越大,透光率越高,升温越快;二是选用优质农膜;三是增前坡,缩后坡。如脊高3米的日光温室,跨度以8米为宜,其中前坡水平宽度以6米左右为宜;四是改变日光温室不适当的朝向;五是对于棚体过大过长的日光温室,可于其长度中间设一道内山墙,或用棚膜将其一分为二隔开,这样一来提温快,二来便于操作。

(三)日光温室选址应遵循的原则

日光温室选址要遵循以下原则:① 选地势开阔、平坦,或朝阳缓坡的地方建造日光温室,这样的地方采光好,地温高,浇水方便、均匀。②不应在风口上建造日光温室,以减少热量损失和风对日光温室的破坏。③不能在窝风处建造日光温室,窝风的地方应先打通风道后再建日光温室,否则,由于通风不良,会导致作物病害严重;同时,冬季积雪过多,对日光温室也有破坏作用。④建造日光温室以沙质壤土为最好,这样的土质地温高,有利于作物根系的生长。如果土质过黏,应加入适量的河沙,并多施有机肥料加以改良。如土壤碱性过大,建造日光温室前必须施酸性肥料加以改良,才能建造日光温室。⑤低洼内涝的地块不能建造日光温室,必须先挖排水沟后再建日光温室;地下水位太高,容易返浆的地块,必须多垫土,加高地面后才能建造日光温室;否则,地温低,土壤水分过多,不利于作物根系生长。⑥建造日光温室的地点水源要充足,交通方便,有供电设备,以便于温室的管理和产品运输。

二、寿光日光温室的结构设计与建造

就骨架材料而言，目前寿光推广的日光温室分为标准型和普通型两种。标准型为单立柱钢筋骨架结构，前坡采用钢管钢筋拱架，无前立柱和中立柱，只有后立柱，后立柱多为钢管。普通型为多立柱钢木混合结构，内设6～7排水泥立柱，采用镀锌管作拱梁，竹竿作拱杆。就跨度而言，寿光日光温室有9.5米、10.2米、11.0米、11.4米、12.1米多种形式；就立柱而言，寿光日光温室分为单立柱结构、六立柱结构、七立柱结构等3种结构。目前，寿光市推广面积最大的日光温室棚型主要有六立柱114型日光温室、七立柱121型日光温室、单立柱110型日光温室3种。

（一）六立柱114型日光温室

1. 结构参数

①温室下挖1米，总宽15.4米，后墙外墙高3.4米，山墙顶外高4.7米，墙下体厚4米，墙上体厚1.5米，走道加水渠宽0.6米，种植区宽10.8米。结构为土压墙体，钢筋竹竿混合式拱架。

②立柱6排，一排立柱（后墙立柱）长6.1米，地上高5.3米，至二排立柱距离1米。二排立柱长6.3米，地上高5.5米，至三排立柱距离2米。三排立柱长6.1米，地上高5.3米，至四排立柱距离2.6米。四排立柱长5.3米，地上高4.5米，至五排立柱距离2.8米。五排立柱长4米，地上高3.2米，至六排立柱距离3米。六排立柱（前立柱）长1.8米，地上高1米。

③采光屋面平均角度为23.1°左右，后屋面仰角45°。前立柱与第五排立柱之间、第五排立柱与第四排立柱之间和第四排立柱与第三排立柱之间的平均切线角度，分别为36.3°、24.9°和17.1°左右。

2. 剖面结构　见图 1-1。

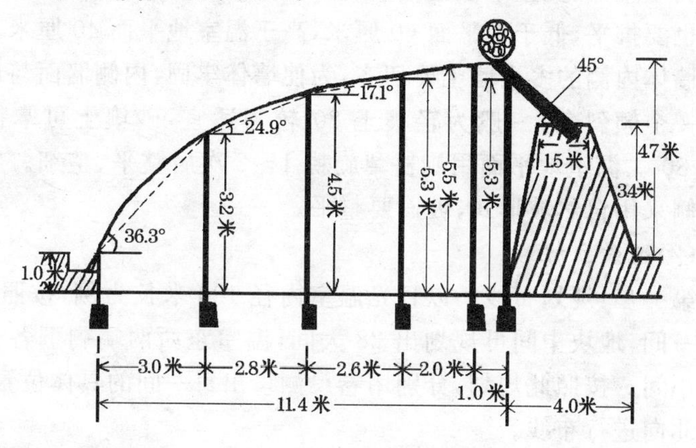

图 1-1　六立柱 114 型日光温室结构图示

3. 建　造

(1)建造墙体　采用推土机和挖掘机相配合的方法建造墙体。将 20 厘米深的熟化土层(阳土)推向棚址南侧,待墙体建完后,整平温室地面阳土再回棚。建墙体的关键是土壤的湿度和墙体的上土厚度。如果打墙前土壤湿度较小,在动工前 5～7 天围埝 30～40 厘米,浇足水,以确保建墙质量。每层的上土厚度是保证墙体质量重要的保障措施,在湿度合适的情况下,地平面以上墙体高度为 3.4 米,一般需要 8～10 层土,每层土都要反复碾压,轧一层用挖掘机再放一层土。如此反复,一直把墙体碾压到要求高度。

把反复压实的墙体雏形用推土机将上口推平,后墙体外墙高度为 3.4 米。沿墙内侧先划好线,用挖掘机切去多余的土,随切随平整地面。墙体后坡形成自然坡。墙体建成后,墙基高 4 米,上口宽 1.5 米。东、西山墙也按相同方法砌好,两山墙顶部靠近后墙中心向南 2.4 米处再起高 1.3 米,建成山墙山顶。山顶向南 0.6 米、2.6 米、5.2 米、8 米处高度分别为 4.5 米、4.3 米、3.5 米、2.2 米,使山顶以南呈拱形面。砌完后形成半地下式温室,温室地面低于地平面1米，反复整平温室地面后，阳土回棚。温室前约3米长的地面也要推平，低于地平面60厘米，高于温室地平面40厘米。

墙体内侧的多余墙土要切齐，为使墙体牢固，内侧墙面与地面要有一个倾斜角，一般为轻壤土80°较为适宜，砂壤土可掌握在75°～80°。温室地平面用旋耕犁旋耕1～2次后整平、整细。后墙的外侧采用自然坡形式，坡面要整平。

(2)埋设立柱

第一步：规划布线。以日光温室内径100米长为例，按照3.5米为一间，地块中间可规划出28大间，温室东西两端剩下各1米的两小间。按照此规划，分别用卷尺测量出每一间的具体位置，而后南北向进行布线。

第二步：定"标尺"。"标尺"是指用于其他立柱埋设时参照的标准立柱。一般是以温室东西两端的立柱作为"标尺"。以寿光市建造温室为例，温室后墙内高4.4米，选用的各排立柱高度分别为：第一排加重立柱6.1米(偏北斜5°)、第二排加重立柱6.3米(直立)、第三排立柱6.1米(偏南斜3°)、第四排立柱5.3米(偏南斜5°)、第五排立柱4米(偏南斜5°)。在选好立柱之后，再根据布线图，分别把温室东西两端的两列立柱埋设好即可。立柱的下埋深度均为80厘米。

第三步：分次埋柱。以温室东西两端的"标尺"为准，按照由外到内的顺序进行依次埋柱。其方法是：埋设第一排立柱时，先将用于第一排的立柱，从其上端往下测量并标记出3米的位置。然后，在"标尺"立柱(从其上端往下)3米处东西向拉一条标线，立柱埋设后，标线要与立柱的3米标记处重合。按照此方法，再埋设第五排立柱，最后，埋设其他各排立柱。

(3)处理后坡　要抓好以下五个要点。

要点一：埋设后砌柱。在整平温室后墙顶部后，东西向拉线，分别确定后砌柱的埋设点。先将温室内后墙根处的第一排立柱埋设好，而后分别再把温室东端和西端的两根后砌柱（每根长2米）摆放在第一排立柱之上，并稍加固定，待确定好其与水平线的夹角后，再把后砌柱埋设好，并用铁丝将其与第一排立柱相连接。然后，在埋设好的两根立柱下方按东西向拉1条工程线，以作参照。其余后砌柱便按照同样的方法，依次埋设好即可。后砌柱的一端要伸出第一排立柱约40厘米，以备安装温室骨架。后砌柱的另一端埋入墙内约20厘米。

要点二：铺拉钢丝。首先在温室一端的底部埋设地锚，然后拴系好钢丝，将其横放在后砌柱之上，并每间隔1后砌柱捆绑1次，最后将钢丝的另一端用紧线机固定牢。钢丝间距10～15厘米。

要点三：覆盖保温、防水材料。第一步，选一宽为5～6米、与温室同长的塑料薄膜，一边先用土压盖在距离后墙边缘20厘米处，而后再将其覆盖在“后屋面”的钢丝温室棚面上。温室棚面顶部可再东西向拉一条钢丝，固定塑料薄膜的中间部分。第二步，把事先准备好的草苫或苇箔等保温材料（1.8米宽）依次加盖其上，注意保温材料的下边缘要在塑料薄膜之上。第三步，为防雨雪浸湿保温材料，需再把塑料薄膜剩余部分“回折”到草苫和毛毡之上。

要点四：上土。从温室一端开始，使用挖掘机从温室后取土，然后将土一点点地堆砌在“后屋面”上，每加盖30厘米厚的土层，可用铁锹等工具稍加拍实。另外，要特别注意上土的高度，以不超过温室屋顶为宜，且要南高北低。

要点五：“护坡”。在平整好“后屋面”土层后，最好使用一整幅塑料薄膜覆盖后墙。温室屋顶和后墙根两处东西向各拉一根钢丝将其固定。

（4）处理前坡

①建造前坡面　在两山墙前坡上各放置两排直径为6厘米左右的木棒作垫木，并填草泥促使木棒正好埋入山墙内。

②架置横杆和拱杆　在前斜立柱上端槽口处顺东西方向依次

绑好横杆，横杆是直径5厘米的钢管。同时绑好南北坡向的拱杆，拱杆是用长15.5米左右、直径5厘米的钢管。拱杆应呈拱形，并紧紧嵌入各排立柱顶端的槽口中，用12号铁丝穿过立柱槽口下边备制孔，把拱杆绑牢固。拱杆与横杆衔接处要整平整，并用废旧塑料薄膜或布条缠起来，以防扎坏棚膜。绑好后的所有拱杆必须保证在同一拱面上。

③上前坡钢丝　钢丝在拱杆上间隔30厘米均匀铺设，并拉紧固定在两山墙外边的地锚备接钢丝上。最靠近温室屋顶部的一根钢丝与后立柱上后砌柱顶端处钢丝之间的距离约为20厘米。拱杆上与拉紧钢丝交叉处用12号铁丝绑牢。

④绑垫杆　在拉紧的铁丝上要绑上垂直于拉紧钢丝的细竹竿，即垫杆。垫杆是用直径2厘米左右、长2～3米的细竹竿，几根细竹竿接起来，接头一定要平滑，从温室前缘一直到棚顶，并用细铁丝紧绑于东西向拉紧的钢丝上。相邻垫杆的间距为60厘米左右。

⑤粘接塑料棚膜　一般选用幅宽为3米、厚度为0.11毫米的4块聚氯乙烯功能滴膜，热压缝5厘米粘成整体棚膜，在整体棚膜覆盖顶部的一边粘上一道2厘米的“裤”，裤里穿上22号钢丝，以备上棚膜后，通过东西拉紧钢丝，固定天窗通风口的宽度，防止棚膜松动。在“裤”下方8米处再粘合一道“裤”，裤里穿上22号钢丝，作为下通风口的固定钢丝用，以防止下通风口通风时棚膜松动。另用2～3米宽、与温室一样长的塑料膜，在一个边都粘合上一道2厘米宽的“裤”，穿上22号钢丝，作为盖敞天窗通风口用。

⑥上棚膜　选择晴朗、无风、温度较高的天气，于中午进行上膜。上膜之前先把塑膜抻直晒软，然后用长7米、直径5～6厘米的4根竹竿分别卷起棚膜的两端，再东西同步展开放到温室前坡架上。当温室屋顶和前缘的人员都抓住棚膜的边缘，并轻轻地拉紧对准应盖置的位置后，两端的人员开始抓住卷膜杆向东西两端

方向拉棚膜,把棚膜拉紧后,随即将卷膜竹竿分别绑于山墙外侧地锚的钢丝上。在上棚膜时,由上坡往下坡展顺膜面,在顶部留出80~100 厘米宽与温室等长的天窗通风口不盖整体膜。上完整体棚膜,随即上天窗通风口敞盖膜,将其有裤鼻的一边放在南边(即天窗通风口南边),先把穿在裤鼻里的 14 号钢丝连同薄膜一块轻轻地抻展开,当此膜压在整体膜上方靠南 20 厘米处(即盖过天窗通风口),拉紧固定在两山墙的地锚上。其后边盖过温室棚脊并向后盖过后坡将其拉紧,用泥巴盖在后坡及温室棚脊上的一边压住,并用泥抹严。在此通风口钢丝上分段设置上 5~6 组(三间长设 1 组,每组 3 个滑轮)敞盖天窗膜的滑轮,以便于顶部通风用。

⑦上压膜线　采用专用的尼龙绳压膜线压棚膜。按前坡拱形面长度加 150 厘米截成段备用。在上压膜线之前,应事先在温室前东西向每隔 1.2 米备置好 1 个地锚,以备拴系压膜线。并将其埋在紧靠温室前角外,深度 40 厘米。上压膜线时,上端拴在温室棚脊之后东西向拉紧的钢丝上,拉紧到一定程度后,下头拴在前角外的地锚上。温室上好压膜线后,由于垫杆向上支撑棚膜,而压膜线于两垫杆中间往下压棚膜。

(5)上草帘　草帘一般用稻草和尼龙绳编织而成,稻草帘的长度一般是从温室棚脊至前窗底脚处地面的长度上再加长 1.5 米。草帘的厚度和宽度因不同气候、不同地理纬度而不同,在北纬 39°~41°的严寒地区,一般草帘为 6 厘米厚,1.1~1.3 米宽。在北纬 36°~38°的地区,一般草帘的厚度为 5 厘米左右、宽度 1.3~1.5 米。在北纬 35°以南地区,一般草帘厚 3~4 厘米、宽 1.4~1.5 米。每床草帘的重量为 50~100 千克。上草帘的方法有两种:一种是在温室屋顶的后边有一道东西拉紧的钢丝把草帘从后坡搬至温室屋顶后部,一端固定在钢丝上,同时在草帘底下固定两根套拉草帘的拉绳,每根拉绳的长度应为草帘长度的 2 倍再加长 2 米,拉绳最好是尼龙防滑绳或麻绳,以便于放、拉草帘;另一种是把草帘搬在温室前，从棚面上铺上温室屋顶，顶部固定在后坡钢丝上。草帘的覆盖方法也有两种：一种是从东至西依次摆放，覆盖时采取覆瓦状，即西边一床草帘的东边压着相邻东边一床草帘的西边10厘米，从温室的后坡顶部覆盖到前坡前窗脚前的地面。最西边草帘的西边，要用一条尼龙绳或麻绳从后坡顶部至前坡前窗脚压紧，防止大风揭帘；另一种是从东至西先隔1个草帘覆盖1个草帘，盖到温室西边后，再由西到东把未覆盖处用草帘覆盖，使其两边压着相邻草帘的相邻边。现在电动卷帘机的使用已普及，在使用电动卷帘机时上草帘的方法基本与第二种方法相同。

（二）七立柱121型日光温室

1. 结构参数

①温室下挖1米，总宽16.1米，后墙外墙高3.6米，后墙内墙高4.6米，山墙外墙顶高5米，墙下体厚4米，墙上体厚1.5米，内部南北跨度12.1米，走道设在温室内最南端（与其他棚型相反），也可设在温室内北端，走道加水渠宽0.6米，种植区宽11.5米。

②立柱7排，一排立柱（后墙立柱）长6.4米，地上高5.6米，至二排立柱距离1米。二排立柱长6.6米，地上高5.8米，至三排立柱距离2米。三排立柱长6.4米，地上高5.6米，至四排立柱距离2米。四排立柱长5.8米，地上高5米，至五排立柱距离2.2米。五排立柱长5米，地上高4.2米，至六排立柱距离2.4米。六排立柱长3.8米，地上高3米，至七排立柱距离2.5米。七排立柱（戗柱）长1.8米，地上与棚外地平面持平，高1米。

③采光屋面平均角度为23.1°左右，后屋面仰角45°。前立柱与六排立柱间、六排立柱与五排立柱间、五排立柱与四排立柱间和四排立柱与三排立柱间的平均切线角度，分别为38.7°、26.6°、20°和16.7°左右。

2. 剖面结构图　见图 1-2。

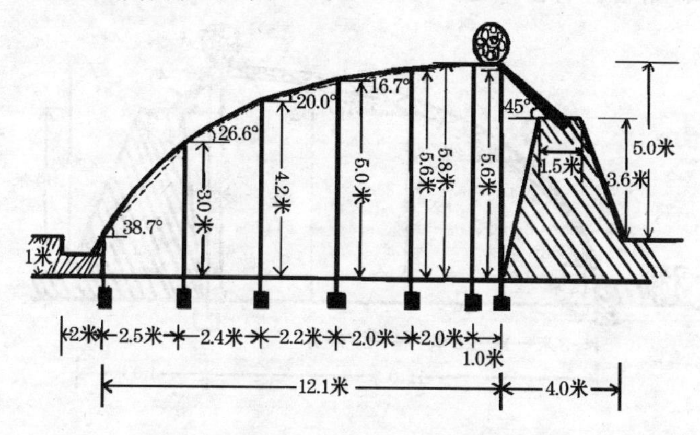

图 1-2　七立柱 121 型日光温室结构图示

3. 建造　依据结构参数，参照六立柱 114 型日光温室建造技术进行建造。

（三）单立柱 110 型日光温室

1. 结构参数

①单立柱钢筋骨架结构日光温室，下挖 1 米，总宽 15 米，内部南北跨度 11 米，后墙外墙高 3.4 米，后墙内墙高 4.4 米，山墙外墙顶高 4.7 米，墙下体厚 4 米，墙上体厚 1.5 米，走道和水渠设在温室内最北端，走道加水渠宽 0.6 米，种植区宽 10.4 米。

②仅有后立柱，种植区内无立柱。后立柱地上高 5.3 米。

③采光屋面参考角平均角度为 23.1°左右，后屋面仰角为 45°左右。前窗与距前窗檐 3 米处、距前窗檐 3 米处与距前窗檐 5.8 米处、距前窗檐 5.8 米处与距前窗檐 8.4 米处的平均切线角度分别为 36.3°、24.9°和 17.1°左右。

2. 剖面结构图 见图 1-3。

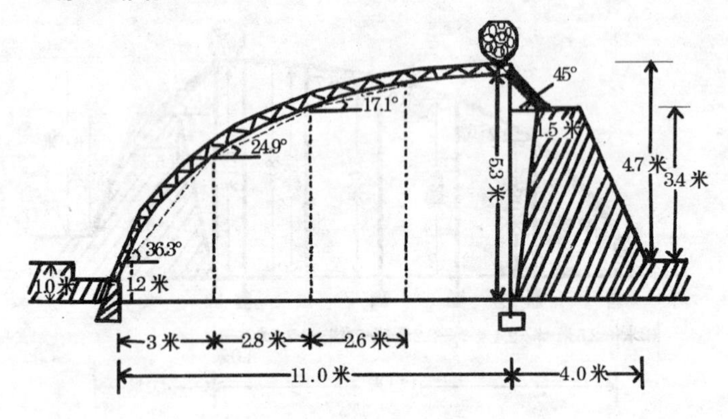

图 1-3 单立柱 110 型日光温室结构图示

3. 建 造

(1)建造墙体 同六立柱 114 型日光温室。

(2)预制墙顶 墙体砌好后,从顶部内缘平铺一层 0.06 毫米的塑料薄膜,一直铺到外墙底部,以防止漏雨浸垮墙体。在内墙墙缘向北 0.6 米处,东西向每 1.5 米埋一块预埋铁,以备焊接铁梁用。

(3)埋设后立柱基座 每隔 1.5 米在紧靠后墙体内侧挖一个 0.3 米×0.3 米×0.4 米深的坑预制水泥基座,并预埋铁块以便焊接后立柱用。

(4)焊制钢架拱梁 ①温室内每隔 1.5 米设钢架拱梁 1 架,100 米长的温室共计设 66 架拱梁。②焊制前坡拱梁要选取直径 3.96 厘米(1.2 寸)镀锌管与直径 3.3 厘米(1 寸)镀锌管焊成双弦(或 3 弦)拱架,用 6.5 毫米钢筋拉花焊成直角形。主要采光面平均角为 23.1°。③找一平整场地,根据日光温室宽度、高度和前坡棚面角角度,在地面做一模型,在模型线上固定若干夹管用的铁桩,根据模型焊制钢梁,这样既标准又便利。钢架采用上下两层镀锌管，中间焊接三角形圆钢支撑柱，上层受力大用直径 3.96 厘米(1.2 寸)钢管，下层用直径 3.3 厘米(1 寸)钢管，焊好待用。

(5)前缘埋设钢梁预埋件　在日光温室前缘按设计宽度东西向砌直并垂直于日光温室栽培面，夯实地基，东西向每隔 1.5 米(与后立柱对齐)埋设一个预埋件，以备安装时焊接钢梁用。

(6)焊接立柱　用直径 8.25 厘米(2.5 寸)钢管作立柱，在栽培面以上 5.3 米处东西向每隔 1.5 米焊接 1 根于立柱基座上，焊接时向北倾斜 5°，以加大支撑后坡的压力与重力，立柱上端顺前坡方向焊接 7 厘米长的 5 厘米×5 厘米角铁一块。

(7)制作后坡上棚架　截取 1 米长的 5 厘米×5 厘米角铁 1 根在立柱顶端向下 0.9 米处南北焊接，南端焊接在立柱上，北端焊在后墙预埋件上；再截取 1 根 1.8 米长的 5 厘米×5 厘米角铁，上端焊接在立柱顶端，下端焊接在后墙预埋件上，后坡形成等腰三角形(即后坡角度为 45°)；在顺东西向沿立柱上端外侧，焊接 1 根 5 厘米×5 厘米角铁，东西两端焊接于两山墙预埋件上，以此向下在 1.8 米长的角铁上等间距焊接 2 根相同的角铁。后坡焊好后即可上拱梁，拱梁南北向后端焊接在立柱顶端 5 厘米×5 厘米的角铁上，下缘焊于立柱上，前端焊接于前墙预埋件上。注意一定要使钢梁向下垂直地面，南北向垂直于后墙。

(8)拉钢丝　拉钢丝的方法同六立柱 114 型日光温室。

(9)上后坡　在北纬 34°～38°的地区，后坡保温采用 10 厘米厚聚氨酯泡沫板，长度以上端扣在上部角铁内，下部放在后墙顶部为宜。为节约建棚费用，在纬度 34°以南地区，由于天气较暖，保温板可适当薄一些，而在纬度 38°以北地区要加厚。保温板铺好后放一层钢网、水泥预制板 10 厘米厚，也可用水泥板替代预制板，但是水泥板易开裂不利于防水。

(10)上棚膜和上草帘　膜下垫杆捆扎，上棚膜和上草帘同六立柱 114 型日光温室。

三、日光温室保温覆盖形式

(一)日光温室保温覆盖主要方法

1. 塑料薄膜(浮膜)+草苫+日光温室薄膜 简称“两膜一苫”覆盖形式,在山东省寿光市统称“日光温室浮膜保温技术”。浮膜覆盖是日光温室深冬生产黄瓜时,傍晚放草苫后在草苫上面盖上一层薄膜,周围用装有少量土的编织袋压紧。浮膜一般用聚乙烯薄膜,幅宽相当于草苫的长度,浮膜的长度相当于日光温室的长度,厚度0.07～0.1毫米。

该覆盖形式有以下优点:① 保温效果好,深冬夜间温室内温度盖浮膜的比不盖的高出2℃～3℃。②草苫得到保护,盖浮膜的日光温室比不盖的草苫能延长使用1～2年。③减轻劳动强度,过去在冬季夜晚,如果遇到雨雪天气,都要冒雨、冒雪到日光温室上把草苫拉起,防止雨水淋湿草苫或雪无法清除,如果盖上浮膜后再遇到雨雪天,可放心在家休息。

目前浮膜大都是普通的塑料膜,保温性能较差。寿光市的菜农在实践中发现一种“有色”浮膜,其浮膜正面为黑色,反面为白色,用起来效果很好。其优点是:太阳出来后,吸热快,浮膜上的霜冻融化得也快,能较早拉起棚来,增加温室内的光照时间,提高温室温度,有利于黄瓜的生长。另外,该膜要比一般棚膜厚,抗拉性强,耐老化,价格也不是很贵。

此项技术起源于三元朱村,在寿光市科技人员的努力下,得到了很好的推广,目前有90%的日光温室用上了这项技术。

2. 塑料薄膜(浮膜)+草苫+日光温室薄膜+保温幕 该覆盖形式是在“两膜一苫”覆盖形式的基础上,在日光温室内再增加一层活动的薄膜棚,利用两层农膜把温室内热量积聚起来,不易散发，从而提高保温性能，可较单一的“两膜一苫”覆盖形式提高温度3℃～5℃。这种保温覆盖形式主要用于深冬季节，特别是出现连续阴雪天气时，其他季节一般不用。在山东寿光市该覆盖形式统称“棚中棚”。“棚中棚”具体建造方法是：在温室内吊蔓钢丝的上部再覆上一层薄膜，薄膜覆上后用夹子将其固定；在日光温室前端距棚膜50厘米处，顺应日光温室膜的走向设膜挡住；在日光温室后端、种植作物北边，上下扯一层薄膜，其高度与上部膜一致，该膜不固定，以便于通风排湿。

“棚中棚”的管理与温室一样，晴天拉开草苫，当温室内温度不再明显下降时，要及时拉开二层内棚，寒流过后可把内棚全放开，以增加光照。“棚中棚”在管理中应注意早上不宜过早通风，要在温室内见光1小时后考虑通风，一是增加光合作用强度，提高温室内二氧化碳利用率，使光合作用能顺利进行；二是晚通风，升温快，能降低温室内空气相对湿度，达到减轻病害的目的。在连续阴雨雪天时，温室内以保温为主，可不通风，但天气突然放晴时，要注意拉花帘缓慢通风，以免植株适应不了外界条件而出现萎蔫的情况，从而发生死棵现象。

3. 日光温室前脸设置三幅保温膜　在深冬季节，如何有效地进行温室保温呢？寿光市有经验的菜农在温室内设置了第二层膜（“棚中棚”），效果良好。可是，温室前脸处由于没有墙体的保护，到了夜间，易与外界空气和土层发生热量交换，使得该处降温幅度较大，不利于黄瓜秧苗的正常生长。在温室前脸处设置三幅保温膜，很好地解决了保温问题。

第一幅膜：设置在最靠近温室前脸棚膜处，两者间距10厘米左右。第一幅膜采用宽幅为1.6米白色地膜。在温室前脸处，先东西向拉一根细钢丝，注意要在垫杆下方，而后将薄膜的上边缘用胶带粘在钢丝上，上下拉紧后，用土将其下边缘压住。该膜的作用，一是可阻隔顺着棚膜流淌下的水滴蒸发，降低温室内湿度；二是形成隔层,减少温室内外的热量交换。

第二幅膜:设置位置在第一幅的内侧,两者之间同样间隔10厘米左右。该幅膜与温室内的二膜一并设置,二膜即设置在温室内吊蔓钢丝上的保温膜。同样,温室前脸处的二膜直接依次固定在南北向吊蔓钢丝上,其下边缘也用土压住即可。设置外温室内二膜以后,黄瓜秧苗就相当于处在一间平房内,从而增强了保温性。

第三幅膜:该膜处在二膜的内侧,为了设置方便,需用竹条搭设拱架,即竹条一头插在土里,另一头弯向北侧,最后捆绑在温室内立柱上。待竹条搭设好,便可在其上覆盖第三幅保温膜,上边缘用胶带粘,下边缘用土压。第三幅膜最好做成活动式的,白天可撤下以提高温度,夜间覆上保温。3幅保温膜具体设置方法见图1-4。

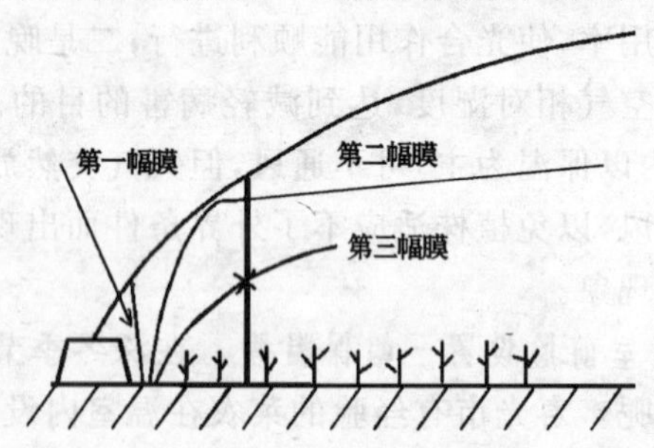

图1-4　日光温室前脸设置3幅保温膜图示

(二)棚膜的选择

目前日光温室的覆盖材料主要是塑料薄膜,其中最常用的棚膜按树脂原料可分为PVC(聚氯乙烯)薄膜、PE(聚乙烯)薄膜和EVA(乙烯-醋酸乙烯)薄膜3种。这3种棚膜的性能不同,PVC棚膜保温效果最好,易粘补,但易污染,透光率下降快;PE棚膜透光性好,尘污易清洗,但保温性能较差;EVA棚膜保温性和透光率介于 PE 和 PVC 棚膜之间。在实际生产中,为增加棚膜的无滴性,常在树脂原料中添加防雾剂,PVC 棚膜和 EVA 棚膜与防雾剂的相容性优于 PE 棚膜,因而无滴持续时间较长。据调查,目前我国生产的 PE 多功能膜的无滴持续时间一般为 2～4 个月,PVC 和 EVA 棚膜可达 4～6 个月。当前,PE 棚膜应用最广、数量最大,其次是 PVC 棚膜,EVA 棚膜也开始试用。

生产中按薄膜的性能、特点,棚膜又分为普通棚膜、长寿棚膜、无滴棚膜、长寿无滴棚膜、漫反射棚膜和复合多功能棚膜等。其中普通棚膜应用最早,分布最广,用量最大;其次是长寿棚膜和无滴棚膜。近年来,长寿无滴棚膜也有了较快的发展。目前我国生产的棚膜主要有以下几种。

1. PE(聚乙烯)普通棚膜　这种棚膜透光性好,无增塑剂污染,尘埃附着轻,透光率下降缓慢,耐低温(脆化温度为－70℃);密度轻(0.92),相当于 PVC 棚膜的 76%,同等重量的 PE 膜覆盖面积比 PVC 膜增加 24%;红外线透过率高达 87%～90%,夜间保温性能好,且价格低。其缺点是透湿性差,雾滴重;不耐高温日晒,弹性差,老化快,连续使用时间通常为 4～6 个月。日光温室上使用基本上每年都需要更新,覆盖日光温室越夏有困难。PE 普通棚膜厚度为 0.06～0.12 毫米,幅宽有 1 米、2 米、3 米、3.5 米、4 米、5 米等规格。

2. PE 长寿(防老化)棚膜　在 PE 膜生产原料中,按比例添加紫外线吸收剂、抗氧化剂等,以克服 PE 普通棚膜不耐高温日晒、易老化的缺点。其他性能特点与 PE 普通膜相似。PE 长寿棚膜是我国北方高寒地区温室越冬覆盖较理想的棚膜,使用时应注意减少膜面积尘,以保持较好的透光性。PE 长寿膜厚度一般为 0.12 毫米,宽度规格有 1 米、2 米、3 米、3.5 米等,可连续使用 18～24 个月。

3. PE 复合多功能膜　在 PE 普通棚膜中加入多种特异功能

的助剂，使棚膜具有多种功能。如北京塑料研究所生产的多功能膜，集长寿、全光、防病、耐寒、保温为一体，在生产中使用反映效果良好。在同样条件下，其夜间保温性比普通 PE 膜提高 1℃～2℃，每 667 平方米温室使用量比普通棚膜减少 30%～50%。复合多功能膜中如果再添加无滴功能，效果将更为全面突出。PE 复合多功能膜厚 0.06～0.08 毫米，幅宽有 1 米、1.5 米、2 米、4 米、8 米等规格，有效使用寿命为 12～18 个月。

4. PVC(聚氯乙烯)普通棚膜 透光性能好，但易粘吸尘埃，且不容易清洗，污染后透光性严重下降。红外线透过率比 PE 膜低(约低 10%)，耐高温日晒，弹性好，但延伸率低。透湿性较强，雾滴较轻；比重大，同等重量的覆盖面积比 PE 膜小 20%～25%。PVC 膜适于作夜间保温性要求高的地区和不耐湿作物设施栽培的覆盖物。PVC 普通棚膜厚度为 0.08～0.12 毫米，幅宽有 1 米、2 米、3 米等规格，有效使用期为 4～6 个月。

5. PVC 双防膜(无滴膜) PVC 普通棚膜原料配方中按一定配比添加增塑剂、耐候剂和防雾剂，使棚膜的表面张力与水相同或相近，薄膜下面的凝聚水珠在膜面可形成一薄层水膜，沿膜面流入温室底部土壤，不至于聚集成露滴久留或滴落。由于无滴膜的使用，可降低温室内的空气相对湿度；露珠经常下落的减少可减轻某些病虫害的发生。需要说明的是，由于薄膜内表面没有密集的雾滴和水珠，避免了露珠对阳光的反射和吸收，增强了温室光照，透光率比普通膜高 30%左右。晴天升温快，每天低温、高温、弱光的时间大为减少，对设施中作物的生长发育极为有利。但透光率衰减速度快，经高强光季节后，透光率一般会下降至 50%以下，甚至只有 30%左右；旧膜耐热性差，易松弛，不易压紧。同时，PVC 无滴棚膜与其他棚膜相比，密度大，价格高。PVC 双防膜厚度为 0.12 毫米，幅宽有 1 米、2 米、3 米等规格，有效使用期 8～10 个月。

6. EVA 多功能复合膜 这是针对 PE 多功能膜雾度大、流滴性差、流滴持效时间短等问题研制开发的高透明、高效能薄膜。其核心是用含醋酸乙烯的共聚树脂，代替部分高压聚乙烯，用有机保温剂代替无机保温剂，从而使中间层和内层的树脂具有一定的极性分子，成为防雾滴剂的良好载体，流滴性能大大改善，雾度小，透明度高，在日光温室上应用效果最好。EVA多功能复合膜厚度为0.08～0.1毫米，幅宽有2米、4米、8米、10米等规格。

（三）对草苫的要求及其草苫的覆盖形式

1. 对草苫的要求

（1）草苫要厚　一般成捆的草苫平均厚度应不小于4厘米。

（2）草苫要新　新草苫的质地疏松，保温性能比较好。陈旧草苫质地硬实，保温效果差，不宜选用。另外，要选用用新草编制的草苫，不要选用陈旧草或发霉的草编制草苫。

（3）草苫要干燥　干燥的草苫质地疏松，保温性好，便于保存，而且重量轻，也容易卷放。

（4）草苫的密度要大　草苫密度大的保温性能好，最好用人工编制的草苫，不要用机器编制的草苫，机器编制的草苫多比较疏松，保温性差，也容易损坏。

（5）草苫的经绳要密　经绳密的草苫不容易脱把、掉草，草把间也不容易开裂，草苫的使用寿命长，保温性能也比较好。一般幅宽为1.2米的草苫，其经绳道数应不少于8道。

2. 草苫的覆盖形式　日光温室覆盖草苫，一般采用“品”字形覆盖法，即在覆盖草苫时，在温室棚面上呈“品”字形摆放，其中两个草苫在下，中间预留30～40厘米的空隙，待底层草苫覆盖完毕后，再在每两个草苫中间加盖一个草苫，以增强温室的整体保温效果。此法覆盖草苫，既方便人工拉放草苫，又适合使用卷帘机拉放草苫。

传统的草苫覆盖法，多为上面草苫压盖下面草苫，除了保温效果不及“品”字形覆盖法外，而且由于传统覆盖法是将草苫连接在一块,两个草苫之间重合面积小,一旦遇到大风,还易被逐个刮起。另外,传统覆盖法仅适合于人工拉放单个草苫,不适合使用卷帘机整体拉放草苫(卷帘机通过卷杆把所有草苫一块上卷,草苫采用传统覆盖法覆盖,使用卷帘机拉起后,易出现倾斜,危险系数增大)。

草苫"品"字形覆盖法的具体操作流程可分以下几步:第一步,布设固定钢丝。为了防止草苫下滑脱落,需在温室后墙上缘东西方向布设一条固定钢丝,将草苫一头固定在钢丝上。具体方法是:先在温室后墙的东西两侧埋设深50厘米的地锚,然后把钢丝一头拴在地锚扣上,另一头再用紧线机拉紧即可。第二步,摆放草苫。根据温室的长度和草苫的规格,确定使用草苫的数量。而后把所有草苫一一摆放在温室的后墙上待用。在一般情况下,宽度约1.6米的新草苫,两个成年人从温室东墙或西墙上便可将草苫抬放到温室后墙上。若使用2.5～3米宽的加宽草苫,这种草苫较重,不便于人工抬放,可以使用小型吊车,从温室的后面将草苫一一吊放上去。第三步,覆盖草苫。在草苫按照顺序摆放到温室后墙上后,先用铁丝将草苫的一头固定在东西方向的钢丝上,再把草苫沿着棚面一一滚放下来,呈"品"字形摆放。假若人工拉放草苫,宜提前把拉绳放在草苫下面;若使用卷帘机拉放草苫,在草苫摆放调整好后,将其下端固紧在卷杆上,而后开动卷帘机,试验一下拉放效果。若草苫出现倾斜,应先停止卷帘机,再进行调整,以防止发生意外事故。

3. 草苫的揭盖管理 草苫的揭盖直接关系到日光温室内的温度和光照。在揭盖管理上,应掌握好上午揭草苫的适宜时间,以有直射光照射到前坡面,揭开草苫后温室内气温不下降为宜。盖草苫的时间,原则上在日落前温室内气温下降至15℃～18℃时覆盖。正常天气掌握在上午8时左右揭,下午4时左右盖。一般雨雪天,温室内气温不下降就要揭开草苫。大风雪天,揭草苫后温室内温度明显下降,可不揭开草苫,但中午要短时揭开或随揭随盖。

连续阴天时，尽管揭苫后温室内气温下降，仍要揭开草苫，下午要比晴天提前盖草苫，但不要过早。连续阴天后的转晴天气，切不可猛然全部揭开草苫，应陆续间隔揭开；中午阳光强时可将草苫暂时放下，至阳光稍弱时再揭开。雪天及时清扫草苫上的积雪，以免化雪后将草苫弄湿。在最寒冷天气，夜间温室内最低温度出现10℃以下低温时，应在草苫上再加盖一层旧薄膜或一层草苫，前窗加围苫。

四、寿光日光温室的主要配套设施

(一)顶风口

1. 顶风口的设置　日光温室前屋面的上面留出一条长宽约50厘米的通风带，通风带用一幅宽为1～1.5米的窄膜单独覆盖。窄幅膜的下边要折叠起一条缝，缝边粘住，缝内包一根细钢丝，上膜后将钢丝拉直。包入钢丝的主要作用，一是通风口合盖后，上下两幅膜能够贴紧，提高保温效果；二是开启通风口时，上下拉动钢丝，不损伤薄膜；三是上下拉动通风口时，用钢丝带动整幅薄膜，通风口开启的质量好，工效也高。

2. 通风滑轮的应用　过去的日光温室覆盖的棚膜为一个整体，通风时要一天几次爬到温室屋顶上去，既增加了劳动强度，又不安全；而通风滑轮的应用是1个日光温室上覆盖大、小2块棚膜，通过滑轮和绳索调节通风口的大小，既节约时间，又安全省事。

安装方法：将定滑轮A和B固定在窄幅膜下的温室棚架下方(在膜下面)，定滑轮C固定在宽幅膜下的棚架上(在膜上面)。为保护棚膜，可把定滑轮C固定在压膜线上，把通风绳、闭风绳的一端均拴在窄幅膜下边的细钢丝上，最后将通风绳绕过定滑轮A、闭风绳依次绕定滑轮B和定滑轮C即可。通风时，拉动通风绳；闭风时，拉动闭风绳。平常为了预防通风口扩大或缩小，可把两绳拉紧，系在温室内的立柱或钢丝上(图 1-5)。

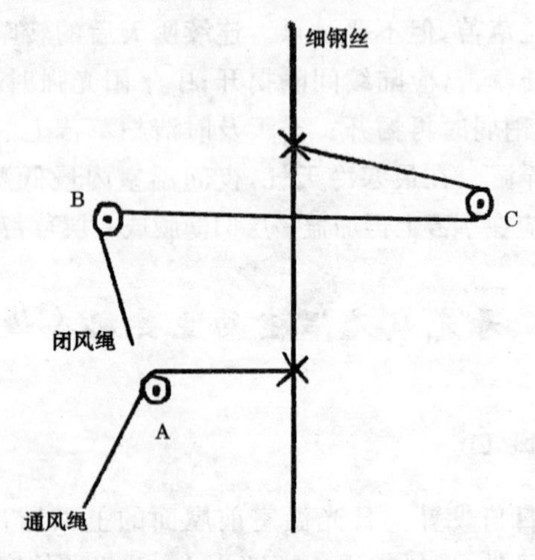

图 1-5　通风滑轮安装图示

3. 顶风口处设挡风膜　在冬季，尤其是深冬期，在日光温室通风口处设置挡风膜是非常必要的。其好处：一是可以缓冲温室外冷风直接从风口处侵入，避免冷风扑苗；二是因通风口处的棚膜多不是无滴膜，流滴较多，设置挡风膜可以防止流滴滴落在下面的黄瓜叶片上。在夏季，挡风膜可阻止干热风直接吹拂在黄瓜叶片上，减轻病毒病的发生。

挡风膜设置简便易行，就是在日光温室风口下面设置一块膜，长度和温室长相等，宽为 2 米，拉紧扯平，固定在日光温室的立柱和竹竿上，固定时要把挡风膜调整成北低南高的斜面，以便使挡风膜接到的露水顺流到日光温室北墙根的水渠内。挡风膜的设置位置如图 1-6 所示。

挡风膜的安装方法是：将宽度为 2 米的挡风膜的两侧用粘膜机粘一个 2～3 厘米的“布袋”，然后在“布袋”中穿一根比温室长出 6～8 米的钢丝，固定在通风口下南边 30～40 厘米的地方，将钢丝

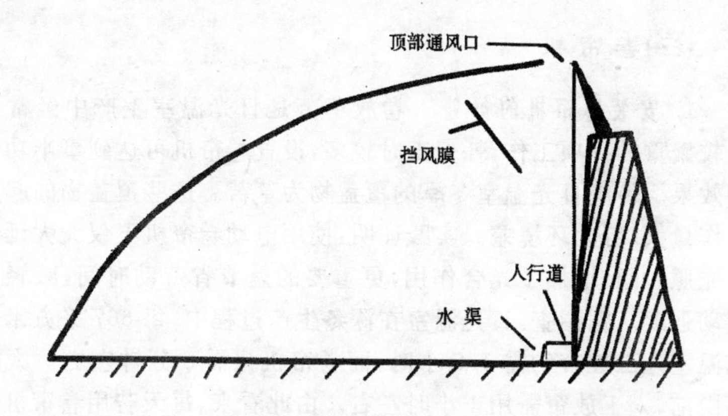

图 1-6　挡风膜的设置图示

固定在温室两头外侧的地锚上，用紧线机抻紧。接着，每隔 15 米使用铁丝将缓冲膜的钢丝与棚面上的钢丝或拱杆固定一下，防止缓冲膜中间下垂。缓冲膜下部使用与温室长度等长的钢丝，穿在缓冲膜"布袋"内抻紧，固定在温室内后侧的立柱上即可。

(二)消 毒 池

近年来，日光温室土传病害越来越严重，其中人为传播是重要原因。因为生产人员鞋底所带的病菌进温室后即可成为病源，引起土传病害的暴发，所以菜农在帮工时所穿的鞋若不注意灭菌消毒，会造成土传病害的传播。

寿光菜农在温室门口设置的消毒池，可对进入人员的鞋底进行消毒。消毒池的设置方法为：在温室门口设置一个长为 50 厘米、宽为 40 厘米，深为 5～8 厘米的池子，池内放置高锰酸钾等消毒液，进温室时鞋底先在消毒池内蘸一下即可。

(三)卷帘机

1. 安装卷帘机的好处 卷放草苫是日光温室生产中经常而又较繁重的一项工作,耗费工时较多,设置卷帘机可达到事半功倍的效果。传统日光温室冬季的覆盖物为草苫。这些覆盖物的起放工作量大、劳动环境差。实践证明:使用电动卷帘机不仅大大延长了光照时间,增加了光合作用,更重要的是节省劳动时间,减轻了劳动强度。据调查,日光温室在深冬生产过程中,每667平方米日光温室人工控帘约需1.5小时,而卷帘机只需8分钟左右。太阳落山前,人工放帘需用1小时左右。由此看来,每天若用卷帘机起放草苫,比人工节约近2小时的时间,同时延长了室内宝贵的光照时间,增加了光合作用时间。另外,使用电动卷帘机对草苫保护性好,延长了草苫的使用寿命,既降低生产成本,同时因其整体起放,其抗风能力也大大增强。

目前,寿光市80%的日光温室安装了卷帘机。

2. 日光温室卷帘机类型 目前使用的卷帘机有两大类型:一种是前屈伸臂式,包括主机、支撑杆、卷杆三大部分,支撑杆由立杆和横杆构成,立杆安装在日光温室前方地桩上,横杆前端安装主机,主机两侧安装卷杆,卷杆随温室棚体长短而定;另一种是轨道式,由主机、三相电动机、轨道大架、吊轮支撑装置、卷杆等构成。主机两侧安装卷杆,卷杆随温室棚体长短而定。

3. 屈臂式卷帘机安装步骤

第一步,预先焊接各连接活动结、法兰盘到管上。根据温室长度确定卷杆强度(一般60米以下的温室用直径60毫米高频焊管、壁厚3.5毫米;60米以上的温室,除两端各30米用直径60毫米管外,主机两侧用直径75毫米、壁厚3.75毫米以上的高频焊管)和长度;焊接卷杆上的间距用一根0.5米长、高约3厘米的圆钢,立杆与支撑杆的长度和强度:在机头与立杆支点在同一水平的前提下,立杆和支撑杆长度的总和等于温室内跨度加5米,支撑杆长度比立杆短20～30厘米;长度超过60米的日光温室一般支撑杆需用双管(图1-7)。

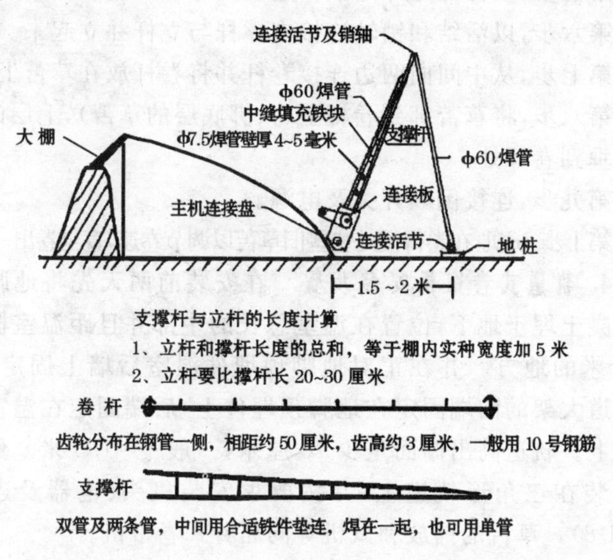

图1-7 屈管式卷帘机安装示意

第二步,草苫或保温被准备。草苫要求厚度均匀,长短一致,垂直固定于卷杆之上,并按“品”字形排列。注意草苫两边交错量要保持一致,若新旧草苫混用时一定要相间排列,尽量做到其左右对称,以免草苫卷动不同步和整体跑偏。

第三步,铺设拉绳。拉绳的作用是用来减轻卷帘机自身重量和卷动作用力对草苫的不良影响。拉绳的合理使用直接关系着草苫的使用寿命和机器的同步与跑正,拉绳的一端固定于温室顶地锚钢丝上,另一端固定于温室下卷帘机的卷轴上,要求每条拉绳工作长度及松紧度保持一致,统一标准。

第四步,在温室前约正中间,距温室1.5～2米处作立杆支点,用直径60毫米、长80厘米左右焊管与立杆进行“T”形焊接作为底座立在地平面，并在底座南侧砸两根圆钢以防止往南蹬走。

第五步，横杆铺好并连接。连接支撑杆与主机。

第六步，以活结和销轴连接支撑杆与立杆并立起来。

第七步，从中间向两边连接卷杆并将卷杆放在草苫上。

第八步，将草苫绑到卷杆上（只绑底层的草苫），上层的草苫自然下垂到卷杆处。

第九步，连接倒顺开关及电源。

第十步，试机，在卷得慢处垫些旧草苫以调节卷速，直至卷出一条直线。

4. 轨道式卷帘机安装步骤 在安装前两天先将地脚预埋件用混凝土埋于地下，位置在温室总长的中部并且距温室棚面前方2～3米的地方。并在正对地脚预埋件温室后墙上固定预埋件。将轨道大架的前端固定在地脚预埋件上，后端固定在温室后墙预埋件上。轨道高出棚面至少70厘米，一般1～1.5米。然后将机头安装在三角形轨道上，并按要求安装机头、电器及连接卷轴（图1-8）。草苫的铺放和试机等同屈臂式卷帘机。

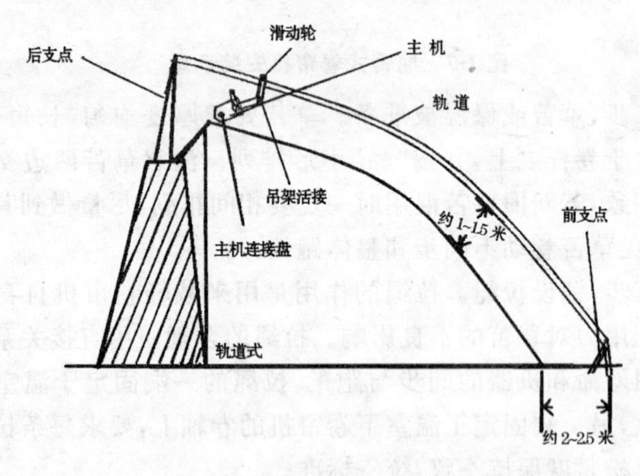

图1-8 轨道式卷帘机安装示意

5. 操作方法 由下往上卷帘时，将开关拨到“顺”的位置，卷帘到预定位置时，将开关拨回“关”的位置。由上往下放帘时，将开关拨到“倒”的位置，放帘到预定位置时，将开关拨回“关”的位置。如遇停电，可将手摇柄插入手摇柄插孔进行人工摇动。顺时针摇动向上卷帘，逆时针摇动则向下放帘。

(四)棚膜除尘条

日光温室棚膜上的水滴、碎草、尘土等杂物会使透光率下降30%左右。新薄膜在使用过程中，随着使用时间的延长温室内光照会逐渐减弱。因此，要经常清扫，保持棚膜洁净，以增加棚膜的透明度。寿光市菜农在棚膜上设“除尘条”擦拭棚膜的方法简便易行，除尘条随风飘动，自动擦净棚膜，很有推广价值。

除尘条设置的方法是：在新上棚膜的日光温室上每隔 1.2 米设置一条宽 6～10 厘米、比棚膜宽度长 0.5～1 米的布条，两头分别系在温室上部通风口和温室前裙的压膜线上，利用风力使布条摆动除尘，这样布条不会对棚膜造成划伤。

由于布条中间摆幅最大，除尘率可达 80%以上，两头摆幅最小，除尘率不足 50%，所以菜农还要及时利用抹布将温室南北两端棚膜上的尘土擦去。

(五)温室运输车

一个日光温室要运出几万千克蔬菜，过去靠一次几十千克地往外提，工作量很大，如果安装一个运货的滑轮吊车，即使一个力气平常的人，也可以承担这些工作。

1. 运输车工作原理 如图 1-9 所示，轨道运输车是在温室后部的人行道上缘滑轮轨道运行。运载重物时，通过推或拉达到运输重物的目的。

2. 运输车使用材料 滑轮直径 6 厘米，必须用钢材制作。经过试验,使用铸铁或塑料做的滑轮,承重力小,使用寿命短。滑轮与框架的连接件使用钢筋和钢管,钢筋直径1厘米,长20～30厘米。钢管内径25～30毫米,长100厘米,钢管与框架用钢筋电焊连接。滑轮转轴与钢管之间用钢筋焊连接。运输车的框架可用内径15～20毫米的钢管,也可用4厘米×4厘米的角钢。四边框用电焊连接。框架中间再焊接2根钢管或角钢。也可不用框架,将连接滑轮两钢管均缩短至50厘米,并在两钢管下端焊接一横向钢管,在横向钢管下部焊接直径1厘米的钢筋挂钩。

轨道可设置单轨和双轨两种,单轨道用24号钢丝、双轨道用20号钢丝。轨道支撑杆由钢丝和窄钢板组成,钢丝型号为20号,窄钢板厚度为0.5厘米,宽3～4厘米,长40厘米左右,加工成"ㄣ"形状。

3. 轨道安装 轨道需要吊在温室内后部人行道处的空中,与温室后墙的水平距离为35厘米,与地面的距离为200厘米。钢丝穿过温室两山墙,两端固定在附石(地锚)铁丝上,然后用紧线机紧好并固定牢靠。每间温室设置一轨道支撑杆,支撑杆由钢丝和"ㄣ"钢板两部分组成,"ㄣ"钢板较长端固定在钢丝上,另一端焊接在轨道下端,且"ㄣ"钢板两边要与轨道垂直,使滑轮正好从"ㄣ"中间通过。钢丝的另一端固定在温室后坡支架上。将滑轮和框架安装在轨道上即可使用。

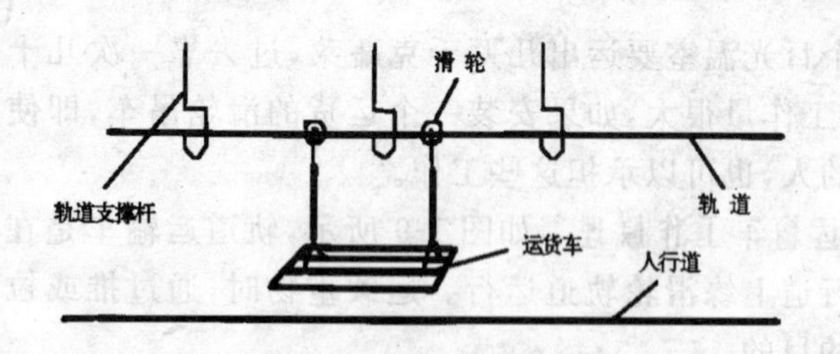

图1-9 日光温室运输车安装示意

4. 使用年限　在正常情况下，日光温室轨道运输车可使用10～20年。

(六)阳光灯

因冬季光照弱、时间短，9 000～20 000勒克斯光照时数仅有6～7小时，而黄瓜要求10小时以上，才能达到最佳产量状态，所以，光照不平衡已成为当今制约日光温室冬春茬黄瓜高产优质的主要因素。为了解决日光温室增产问题，寿光市引进了阳光灯技术，解决了冬季日光温室因光照不足带来的弱秧、低产问题。

1. 阳光灯增产的原理　①促使黄瓜长根和花芽分化。冬季黄瓜常见的不良症状是龟缩头秧、徒长、茎细节长花弱、落花落果、畸形僵果、小叶、叶凋等，均系温度低和光照弱引起的病症。靠太阳光自然调节，少则十天半个月，多则1～2个月，才能缓解温度低带来的问题，严重影响产量和效益。在日光温室内安装阳光灯，其中的红、橙光促使黄瓜扎深根，蓝、紫光促进花芽分化和生长，作物无障碍生育，增产幅度可达1～3倍。黄瓜有深根长果实、浅根长叶蔓的习性，补光长深根还可达到控秧促根、控蔓促果的目的。②提高黄瓜秧的抗病、增产和优质作用。高产栽培十要素的核心是防病。种、气、土是病菌的载体；水、肥是病菌的养料；温度、密植是环境，唯有光是抑菌灭菌，增强植物抗逆性的生态因素。如果日光温室内温度提高2℃，湿度下降5%左右，光照强度增加10%，病菌特别是真菌可减少87%，因此冬季温室内消除病害，升温降湿，补光提高植物体含糖度，增强耐寒、耐旱及免疫力，是抑菌防病最经济实惠的办法；还能减少用药、用工等开支和产品污染程度，有利于生产无公害绿色食品。③延长日光温室作物光合作用效应。日光温室多在冬季应用，早上光适温低，下午温室西墙挡光，每天浪费掉30～60分钟的自然适光，日光温室建筑方位只能坐北向南，偏西5°～9°。补光生产黄瓜，日光温室可建成坐北向南偏东，太阳一出来，作物可很快进入光合作用适温和适光环境。下午气温在15℃～20℃时，打开阳光灯补光1～3个小时，每天能将5～7个小时的适宜光合作用条件延长1～3个小时，增产幅度可提高20%以上。

2. 阳光灯的安装 ①阳光灯配套件为220V/36W灯管，配相应倍率的镇流器灯架，每天在无光时可照射17平方米面积，弱光时可照射30～60平方米。灯管布局以温室内光的照度均匀为准，灯距被照射植株的高度以1.5～2米为宜。因太阳光受云层影响，时弱时强，黄瓜需光强度为1万～7万勒克斯，苗期和生育期有别。安装时，每个阳光灯都设开关，以便根据生物生长需求和当时光强度进行调节。②用220V、50Hz电源供电，电源线与灯总功率匹配。电源线用铜线，直径不少于1.5毫米，接头用防水胶布封严。

3. 阳光灯使用方法 ①育苗期，早上7～9时和下午4～6时开灯，与太阳光一并形成9～11小时的日照，培育壮苗。②在连阴雨天全天照射，可避免根萎秧衰。③结果期早上或下午室温在15℃以上，但光照强度在20 000勒克斯以下时，便可开灯补光。

(七)反光幕

在日光温室栽培畦北侧或靠后墙部位张挂反光幕，有较好的增温补光作用，是日光温室冬季生产或育苗所必需的辅助设施。

1. 反光幕应用效果 ①可明显增加温室内的光照强度，可增加光照5 000勒克斯，尤以冬季增光率更高。张挂反光幕的实践表明，反光幕前0～3米，地表增光率由近及远为44.5%～9.1%，60厘米空中增光率由高至低为40.0%～9.2%。反光幕的增光率随着季节的不同而有差异，在冬季光照不足时增光率大，春季增光率较小；晴天的增光率大，阴天的增光率小，但也有效果。②可提高气温和地温。反光幕增加光照强度，明显地影响着气温和地温，反光幕2米内气温提高3.5℃,地温提高1.9℃～2.9℃。③育苗时间缩短,秧苗素质提高,同品种、同苗龄的幼苗株高、茎粗、叶片数均有增加。④改善了温室内小气候,增强了植株的抗病能力,减少农药使用及污染。⑤张挂反光幕日光温室的黄瓜产量、产值明显增加,尤其是冬季和早春增效更明显。

2. 反光幕的应用方法 每667平方米温室用量为200平方米。张挂镀铝聚酯膜反光幕的方法有单幅垂直悬挂法、单幅纵向粘接垂直悬挂法、横幅粘接垂直悬挂法和后墙板条固定法4种。生产上多随日光温室走向,面朝南,东西延长,垂直悬挂。张挂时间一般为11月末至翌年3月。最多延至4月中旬。张挂步骤如下(以横幅粘接垂直悬挂法为例):使用反光幕应按日光温室内的长度,用透明胶带将50厘米幅宽的三幅聚酯镀铝膜粘接为一体。在日光温室中柱上由东向西拉铁丝固定,将幕布上方折回,包住铁丝,然后用大头针或透明胶布固定,将幕布挂在铁丝横线上,使幕布自然下垂,再将幕布下方折回3～9厘米,固定在衬绳上,将绳的东西两端各绑竹竿一根固定在地表,可随太阳照射角度水平北移,使其幕布前倾75°～85°。也可把50厘米幅宽的聚酯镀铝膜按中柱高度剪裁,一幅幅紧密排列并固定在铁丝横线上。150厘米幅宽的聚酯镀铝膜可直接张挂。

3. 注意事项

第一,定植初期,靠近反光幕处要注意浇水,水分要充足,以免光强温高造成灼苗。使用的有效时间为11月至翌年4月。对无后坡日光温室,需要将反光幕挂在北墙上,要把镀铝膜的正面朝阳,否则膜面离墙太近,易因潮湿造成铝膜脱落。每年用后,最好经过晾晒再放于通风干燥处保管,以备再用。

第二,反光幕必须在保温达到要求的日光温室才能应用。如果温室保温不好,白天只靠反光幕来提高温室内的气温和地温虽然有效,但夜间难免受到低温的损害。因为反光幕的作用主要是提高温室后部的光照强度和昼温，扩大后部昼夜温差，从而把后部的增产潜力挖掘出来。

第三，反光幕的角度、高度需要随季节、黄瓜生长情况等进行适当的调整。日光温室早春茬黄瓜定植多在12月至翌年1月份，此时植株矮小、地温低，影响缓苗，使用反光幕主要起到提高地温、促进缓苗的作用。冬季太阳高度角小，悬挂的反光幕一般较矮，贴近地面，以垂直悬挂或略倾斜为主。在黄瓜植株长高后，植株叶片对光照的要求增加，尤其是早、晚光照较弱时，反光幕主要起到提高光合作用的目的。此时植株高、太阳高度角变大，悬挂反光幕也需要适当调整，反光幕底部位置提高到植株顶点附近，角度以底部略向南倾斜为宜，以保证上午8:30～9:00反射光线基本与地面水平为好。一般情况下，反光幕与地面应保持在75°～85°角。进入4月份以后，随着气温逐步回升，光照充足，制约深冬黄瓜生长的光照不足、气温偏低的问题已不存在，晴天时甚至会出现光照过强、温度过高的问题，此时反光幕也已完成了其作用，应及时撤掉。

(八)防虫网

防虫网覆盖栽培是一项能提高产量的实用的环保型农业新技术。通过覆盖在温室棚架上构建人工隔离屏障，将害虫拒之网外，切断害虫(成虫)繁殖途径，有效控制各类害虫，如菜青虫、菜螟、小菜蛾、蚜虫、跳甲、甜菜夜蛾、美洲斑潜蝇、斜纹夜蛾等的传播以及预防病毒病传播的危害，确保大幅度减少菜田化学农药的施用，使产出的黄瓜优质、卫生，为发展生产无污染的绿色农产品提供了强有力的技术保证。

1. 防虫网的种类 防虫网是一种采用添加防老化、抗紫外线等化学助剂的聚乙烯为主要原料，经拉丝制造而成的网状织物。它与塑料布等覆盖物的不同之处在于网目之间允许空气通过，但能将昆虫阻隔于外界。防虫网的规格主要包括幅宽、丝径、颜色、网孔密度等内容。幅宽通常为 1～1.8 米，最大幅宽为 3.6 米；丝径范围为 0.14～0.18 毫米；颜色有白色、银灰色、黑色等，但以白色为多。如果为了加强遮光效果，可选用黑色或银灰色的防虫网避蚜虫效果更好。目前，生产上推荐适宜使用的目数是 20～40 目，以 20 目、25 目、32 目最为常用。

2. 防虫网的作用

(1)防虫　　黄瓜覆盖防虫网后，基本上可免除菜青虫、小菜蛾、甘蓝夜蛾、斜纹夜蛾、黄曲跳甲、猿叶虫、蚜虫等多种害虫的为害。据试验，防虫网对菜青虫、小菜蛾、美洲斑潜蝇防效为 94%～97%，对蚜虫防效为 90%。

(2)防病　　病毒病是黄瓜的灾难性病害，主要是由昆虫特别是白粉虱传病。由于防虫网切断了害虫这一主要传毒途径，因此可大大减轻黄瓜病毒的侵染，防效为 80%左右。

3. 网目选择　购买防虫网时应注意孔径。在黄瓜生产上使用的防虫网以 25～40 目为宜，幅宽 1～1.8 米。白色或银灰色的防虫网效果较好。防虫网的主要作用是防虫，其效果与防虫网的目数有关，目数即在 25.4 毫米见方的范围内有经纱和纬纱的根数，目数越多，防虫的效果越好，但目数过多会影响通风效果。防虫网的目数是关系到防虫性能的重要指标，栽培时应根据防止害虫的种类进行选取，使用防虫网一定要注意密封，否则难以起到防虫的效果。

4. 覆盖形式　因夏季害虫多，日光温室前部和通风天窗最好安装 25～40 目的防虫网(图 1-10)，这样，既有利于通风，又可以防虫。为提高防虫效果，必须注意以下两点：一是全生长期覆盖。防虫网遮光较少，无须日盖夜揭或前盖后揭，应全程覆盖，不给害虫有入侵的机会，才能收到满意的防虫效果。二是土壤消毒。在前作收获后，要及时将前茬残留物和杂草清除出温室集中烧毁。全温室喷洒农药灭菌杀虫。

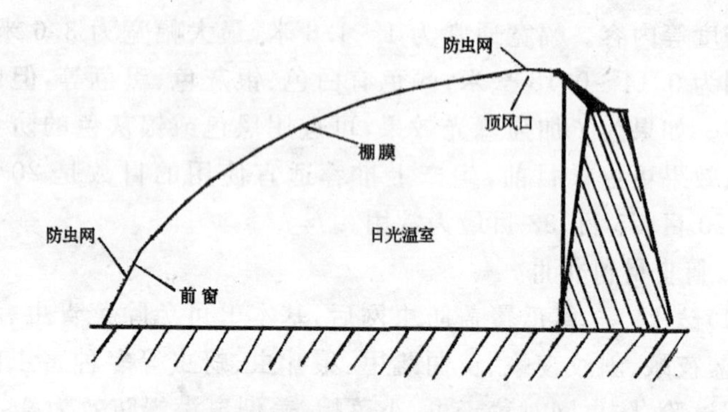

图 1-10　日光温室防虫网的覆盖方式

(九)遮 阳 网

遮阳网又称遮荫网、遮光网、寒冷纱或凉爽纱,是以聚烯烃树脂作基础原料,并加入防老化剂和其他助剂,熔化后经拉丝编织成的一种轻型、高强度、耐老化的新型网状农用塑料覆盖材料。

1. 遮阳网种类　常用的遮阳网有黑色、银灰色、黄色、蓝色、绿色等多种,以黑色、银灰色最普遍。黑色遮阳网的遮光度较强,适宜酷暑季节覆盖。银灰色的透光性较好,有避蚜和预防病毒的作用,适用于初夏、早秋季节覆盖。

遮阳网一般的产品幅宽为 0.9～2.5 米,最宽的达 4.3 米,目前以 1.6 米和 2.2 米幅宽的使用较为普遍。

2. 主要功用

(1)降低温室内气温及土温,改善田间小气候　使用遮阳网可显著降低进入日光温室内的光照强度,有效地降低热辐射,从而降低气温和地温,改善黄瓜生长的小气候环境。一般使用遮阳网可使日光温室内的气温较外界降低 2℃～3℃,同时可有效地避免强光照对黄瓜生产的危害。据测定,高温季节可降低畦面温度 4.59℃～5℃,在炎热夏天最大降温幅度为 9℃～12℃。

(2)改善土壤理化性　雨季菜地经常变板结，但用遮阳网能保持土壤良好的团粒结构和通透性，增加土壤氧气含量，有利于根系的深扎和生长，促进地上部植株生产，达到增产的目的，还能使雨天直播或育苗的种子出土良好。

(3)遮挡雨水　能防止大暴雨直接冲刷畦面，减少水土流失，保护植株和幼苗叶片完整，提高商品率和商品性状。据测试，采用遮阳网覆盖后，暴雨冲击力比露地栽培减弱 98%，降水量减少 13.29%～22.83%。

(4)减少土壤水分蒸发　保持土壤湿润，防止畦面板结。据调查，覆盖遮阳网后，土壤水分蒸发量比露天栽培减少 60%以上。

(5)避害虫、防病害　据调查，遮阳网避蚜效果达 88.8%～100%，对黄瓜病毒病防效为 89.8%～95.5%，并能抑制黄瓜多种病害的发生和蔓延。

3. 选用遮阳网的原则　①黄瓜为喜温中、强光性蔬菜，夏秋季生产，根据光照强度选用银灰网或选用黑色 SZW-10 等遮光率较低的黑色遮阳网；避蚜、防病毒病，最好选用 SZW-12、SZW-14 等银灰网或黑灰配色遮阳网覆盖。②夏秋季育苗或缓苗短期覆盖，多选用黑色遮阳网覆盖。为防病毒病，亦可选用银灰网或黑灰配色遮阳网覆盖。③全天候覆盖的，宜选用遮光率低于 40%的网，或黑灰配色网覆盖。

4. 日光温室覆盖方式　日光温室覆盖是指在温室棚体上覆盖遮阳网的覆盖方式。覆盖方式主要以顶盖法和一网一膜两种方式为主。顶盖法是指在日光温室的二重幕支架上覆盖遮阳网；一网一膜覆盖方式是指覆盖在日光温室上的薄膜，仅揭除围裙膜，顶膜不揭，而是在顶膜外面再覆盖遮阳网。在寿光市大多采用一网一膜覆盖方式。

遮阳网覆盖栽培的技术原则是：看天、看作物灵活揭盖；晴天时白天盖夜间揭；阴天时全天不盖。气温为 30℃以上时，一般在上午8时至下午4时覆盖。

(十)温度表

温度表是日光温室黄瓜生产中必不可少的重要工具,菜农须通过它显示的温度来确定关闭通风口、放草苫的时间。一旦显示有误差,对黄瓜管理会造成很大影响。只有正确悬挂才能准确测定温室内温度。

1. 温度表悬挂的位置 许多日光温室里温度表悬挂的位置很乱,大部分悬挂在温室后通风口下面,还有悬挂在温室前脸处的,这两种做法都是不正确的。悬挂在通风口下面,此处通风时,外界的冷空气进入温室内,直接造成后部温度快速降低,温度变化频繁,极不稳定;还有温室后墙上温度变化快,根本不能准确反映黄瓜生长空间的温度;而悬挂在温室前脸处,此处地温较低,与外界接触面大,散热较快,气温比较低,若温度表悬挂在此,数据也不准确。正确的悬挂位置是在温室中部,此处距离墙体、通风口等容易进风的地方都较远,能显示出准确的温度。

2. 温度表悬挂高度要随着黄瓜植株高度变化 大多数菜农在悬挂上温度表后,一般都不再挪动它,这也是不正确的。温度表的悬挂高度需要随植株高度不断调整,以准确反映植株生长点附近的温度。如果植株高度已超过挂温度表的高度,还不调整温度表的高度,这样温度表就藏在植株顶部之下,测出来的温度就会偏低。若根据温度表上显示的温度来管理黄瓜的话,黄瓜生长很难正常。因此,温度表应悬挂在植株生长点下10厘米处,并要随着黄瓜的生长随时调节温度表悬挂的高度,这样才能测出准确的温度,菜农朋友可据此在生产管理中采取相应的措施。

第二章　黄瓜新优品种选择

1. 沃林3号

【品种来源】 天津沃田种业。

【特征特性】 植株长势中等，株型好，瓜码密，畸形瓜少，具有良好的高产、稳产性能。瓜条顺直，瓜色深绿，光泽度佳，春天不黄头、不黄筋，亮度好(不嫁接就可与白籽南瓜嫁接的品种相媲美)。瓜长35厘米左右。抗病性强，对黄瓜霜霉病、黑星病、白粉病等病害都有良好的抗性。

【适作茬口】 适宜日光温室早春、秋延栽培。

2. 中农13号

【品种来源】 中国农业科学院蔬菜花卉研究所育成的日光温室专用雌型杂交种。

【特征特性】 植株生长势强，主蔓结瓜为主，回头瓜多。第一雌花始于主蔓2～3节。其后连续雌花，雌株率50%～80%。单性结果能力强，连续结果性好，可着生多条瓜，采瓜时也可生长，且耐低温性强，早熟。从播种至始收62～70天。瓜长棒形，瓜色深绿、有光泽、无花纹，瘤小，刺密、白刺，无棱，瓜长25～35厘米，瓜粗3.2厘米左右。单瓜重100～150克，肉厚、质脆、味甜，品质佳，商品性好。高抗黑星病、枯萎病、疫病及细菌性角斑病，耐霜霉病。每667平方米产6000～7000千克，高产的每667平方米达9000千克。

【适作茬口】 适宜日光温室冬春、早春和秋冬茬栽培。

3. 津优30号

【品种来源】 天津科润农业科技股份有限公司黄瓜研究所。

【特征特性】 早熟性、丰产性好。该品种早期产量较高，尤其是越冬日光温室栽培时，在春节前后的严冬季节能够获得较高的产量和效益。冬春茬栽培，前期产量明显高于其他品种，效益也较高。该品种瓜码密，雌花节率40%以上，化瓜率低。连续结瓜能力强，有的节位可以同时或顺序结2～3条瓜。瓜条性状优良、商品性好。该品种瓜条长35厘米左右，瓜把较短、在5厘米以内。即使在严寒的冬季，瓜条长度也可达25厘米左右。瓜条刺密、瘤明显，便于长途运输。此外，该品种畸形瓜少，有光泽，质脆、味甜、品质优。该品种高抗枯萎病，抗霜霉病、白粉病和角斑病。

【适作茬口】 适于冬春、早春和秋冬茬栽培。

4. 津绿3号

【品种来源】 由天津市黄瓜研究所育成的一代杂种。1999年通过山西省农作物品种审定委员会审定。

【特征特性】 植株生长势强，叶片深绿色，主蔓结瓜为主，第一雌花着生在主蔓第四节左右。瓜呈棒状、长30厘米左右，单瓜重约150克、瓜皮深绿色、有光泽，密生白刺，瘤明显。瓜肉绿白色，质脆，品质优。耐低温、弱光，抗枯萎病、霜霉病、白粉病。早熟种从播种至始收需60～70天。

【适作茬口】 适宜日光温室越冬茬栽培。

5. 中农10号

【品种来源】 中国农业科学院蔬菜花卉研究所新育成的中熟雌型一代杂种。

【特征特性】 植株生长势及分枝性强，叶色深绿，主侧蔓结瓜,瓜码密,丰产性好。抗霜霉病、白粉病、枯萎病等多种病害。瓜色深绿、略有条纹,瓜长25～30厘米,瓜粗3厘米,单瓜重150～200克,刺瘤密、白刺,无棱,瓜把极短。肉质脆甜,品质好。耐热抗逆性强,在夏、秋季高温长日照条件下表现为强雌性。瓜码比一般品种密。

【适作茬口】 适宜秋延后栽培。

6. 津春3号

【品种来源】 天津市黄瓜研究所选育。

【特征特性】 植株生长势强,茎粗壮,叶片较大、深绿色,分枝性中等,较适宜密植。以主蔓结瓜为主,单性结实能力强,腰瓜呈棒状、长约30厘米,单瓜重200克左右。瓜色深绿,刺瘤适中、白刺、有棱。瓜把较短,瓜条顺直。植株抗病性较强,同时具有较强的耐低温和弱光能力。

【适作茬口】 适于冬春、早春和秋冬茬栽培。

7. 津优5号

【品种来源】 天津市黄瓜研究所选育。

【特征特性】 植株生长势强,茎粗壮,叶片中等大小、叶色深绿,分枝性中等,以主蔓结瓜为主。瓜码密,回头瓜多。单性结瓜能力强,瓜条生长速度快,从开花至采收比长春密刺早3～4天。瓜条棒状,深绿色,有光泽。棱瘤明显,白刺,商品性好。腰瓜长35厘米,单瓜重200克左右。早熟性好。抗霜霉病、白粉病和枯萎病能力强。耐低温,弱光。

【适作茬口】 适合早春茬和秋冬茬日光温室栽培。

8. 雷优3号

【品种来源】 山东省泰安市雷育黄瓜研究所选育。

【特征特性】 植株紧凑,生长势强。叶深绿色,以主蔓结瓜为主,第一雌花着生在2～4节。瓜码密,回头瓜多,瓜条顺直。瓜长40厘米左右,瓜色深绿,瓜把短。试验表明,平均早期产量比密刺黄瓜系列增产40%,每667平方米产量最高可达2万千克以上。具有耐低温、耐弱光、抗病、丰产、稳产,品质优良等特点,是日光温室理想的换代新品种。

【适作茬口】 适于冬春保护地栽培。

9. 山农5号

【品种来源】 山东农业大学园艺系育成的新品种。

【特征特性】 耐低温、耐弱光,抗病能力强,高抗枯萎病、抗黑星病、霜霉病。光合能力强,长势旺,生育后期不早衰。瓜条商品性好,瓜深绿色,刺密瘤小,瓜长35厘米左右,单瓜重200克左右,品质佳。丰产性好,以主蔓结瓜为主,瓜条生长速度快,一般每667平方米产量1万～1.5万千克。

【适作茬口】 适合越冬栽培。

10. 鲁蔬21号

【品种来源】 山东省农业科学院蔬菜研究所培育的高产抗病黄瓜品种。

【特征特性】 膨瓜特别快,比一般品种提前2～3天采摘。节节有瓜,不封顶。前期耐低温、耐弱光,在日光温室短时间温度为5℃时可正常生长,连续阴雨10天仍能收获果实。后期抗高温,中伏天也不会出现黄头、大肚、弯瓜。瓜把粗短,瓜条顺直,瓜长35～40厘米,色深绿,刺密,商品性好,深受南方客户欢迎。

【适作茬口】 适宜冬春茬及早春茬栽培。

11. 冬 秀

【品种来源】 从法国威迈种子公司引进。

【特征特性】 纯雌性无刺短黄瓜,中早熟,单性花,每节坐瓜。生长旺盛,节间短,侧枝发达,瓜条深绿色、有光泽、微有棱,口味佳。瓜条长15厘米左右,直径3.5～4厘米。抗白粉病和霜霉病,产量高。耐低温、弱光。

【适作茬口】 适合于日光温室越冬和早春栽培。

12. 戴多星

【品种来源】 引自荷兰瑞克斯旺。

【特征特性】 生长势强,开展度大。产量高,单性结实,多花性,每节3～4个果。果实秋收期长16～18厘米,果实呈墨绿色、微有棱、味道好。抗黄瓜花叶病毒病、条纹病毒病和疮痂病和白粉病。

【适作茬口】 适合于早春、越夏和秋延迟种植。

13. 萨瑞格

【品种来源】 从以色列海泽拉优质种子公司引进。

【特征特性】单性结实,全部为雌花杂交品种。植株生长旺盛,早熟,产量极高。果期较集中,低温下坐果能力强。果长14～16厘米,暗绿色,表面光滑无刺。对白粉病有抗性。

【适作茬口】 适于冬春、早春和秋冬茬栽培。

14. 拉迪特

【品种来源】 引自荷兰瑞克斯旺。

【特征特性】 生长势中等,叶片小、叶色淡绿色。果实长度16～18厘米,表面光滑、稍有棱。果实味道鲜美,商品性好。该品种孤雌生殖，多花性，产量高。每节 3～4 个果，果实采收长度 12～18 厘米。耐高温能力强，耐霜霉病，对黄瓜花叶病毒病、黄脉纹病毒病、白粉病和疮痂病有抗性。该品种以其高产、优质、果形好的特性备受出口和高档超市的青睐，市场平均售价高出同类产品的 20%以上，是菜农增加收入的首选品种。尤其越夏栽培时更表现出其优越性。

【适作茬口】 适合于越夏和秋延迟种植。

15. 康　德

【品种来源】 引自荷兰瑞克斯旺。

【特征特性】 微型黄瓜品种，产量高，每节 1～2 个果。果长 16～18 厘米，表面光滑、微有棱，味道鲜美，适合出口。耐霜霉病，抗白粉病和疮痂病。

【适作茬口】 适合于早春、秋冬、冬春日光温室栽培。

16. 萨　菲

【品种来源】 从以色列海泽拉优质种子公司引进。

【特征特性】 为杂交一代种，无限生长型。植株生长中等旺盛。单果长 15～18 厘米、圆柱形，果实暗绿色、光滑无刺、高度整齐，耐贮运，口味佳。具高产品质。对霜霉病有抗性，耐受白粉病、黄瓜花叶病毒病和黄瓜叶脉黄纹病毒病。

【适作茬口】 适宜秋延迟和早春栽培。

17. MK160

【品种来源】 引自荷兰德瑞特集团公司。

【特征特性】 生长势中等，产量高。每节只出一个瓜，不需要疏瓜。果实长 16～18 厘米，表面光滑，果型好、光泽度好，口味佳。耐黄瓜花叶病毒病和白粉病。

【适作茬口】 耐热性好，特别适合夏季日光温室及保护地栽培。

18. 22—33

【品种来源】 引自荷兰瑞克斯旺有限公司。

【特征特性】 生长势强，开展度大，叶片大，耐寒，生产期较长。果实墨绿色，中长型，微有棱。孤雌生殖，单性花，每节1～2个果，产量高。果实采收长度22～25厘米，表面光滑，味道鲜美。抗黄瓜花叶病毒病，耐霜霉病、叶脉黄纹病毒病和白粉病、疮痂病等，以其产量高、抗性好、商品性好、耐低温等特点吸引了广大种植户。是适合出口外销的最佳中长型黄瓜品种。

【适作茬口】 适合于早春和秋、冬日光温室和保护地栽培的油瓜品种。

19. 洛 瓦

【品种来源】 引自荷兰皇家种子公司。

【特征特性】 为杂交一代品种。生长势强，全雌性，以主蔓结瓜为主，每节都可坐瓜。耐低温和弱光。果实表面光滑，无瘤无刺，易清洗。果实深绿色，圆柱形，上下粗细一致，瓜长14～16厘米、直径3厘米，对霜霉病有抗性。

【适作茬口】 适于秋延迟、越冬和早春栽培，是适合我国南北方、国内客户及边贸俄罗斯客户需求的品种。

20. 欧 宝

【品种来源】 从法国G.S.N种子公司引进。

【特征特性】 欧洲型纯雌系品种。植株健壮，生长势稳健，以主蔓结瓜为主，每节均可坐瓜。单果长12～16厘米、直径3厘米，圆柱形，上下粗细一致、果实中绿色，光滑无刺无瘤，耐贮运，口味佳。具高产品质。对白粉病有抗性，耐低温和弱光能力强。产量高，每 667 平方米产量 10000 千克以上。

【适作茬口】 适宜秋延迟、越冬和早春栽培。

第三章　日光温室黄瓜育苗技术

一、黄瓜穴盘育苗技术

(一)穴盘选择

穴盘是按照一定的规格制成的带有许多圆形或方形孔穴的塑料盘,大小多为 52 厘米×28 厘米,盘上有 32、40、50、72、105、128、162、200、288 穴,小穴深度 3～10 厘米,塑料壁厚度为 0.85～1.05 毫米。黄瓜穴盘育苗宜选用 50、72、128 孔穴的穴盘。

(二)基　质

穴盘育种时常采用轻型基质。可作为黄瓜育苗基质的材料有珍珠岩、蛭石、草炭土、炉灰渣、沙子、炭化稻壳、炭化玉米芯以及发酵好的锯末、甘蔗渣、栽培食用菌废料等。这些基质可以单独使用,也可以几种混合使用。草炭系复合基质的比例是:草炭 30%～50%、蛭石 20%～30%、炉灰渣 20%～50%、珍珠岩 20% 左右;非草炭系复合基质的比例是:棉籽壳 40%～80%、蛭石 20%～30%、糠醛渣 10%～20%、炉灰渣 20%、猪粪 10%。为了充分满足幼苗生长发育的营养需要,每立方米基质中可以适当地加入复合肥 1～1.5 千克。

(三)消毒灭菌

基质、穴盘、播种用具和设施、场地等要消毒灭菌。

1. 保护设施消毒灭菌　整个保护设施使用前要用高锰酸

钾+甲醛消毒,按2000立方米温室标准,将1.65千克甲醛加入8.4升开水中,再加入1.65千克高锰酸钾,产生烟雾,封闭48小时打开,散尽气味。

2. 拌料场地消毒灭菌 拌料场地使用前宜使用高锰酸钾2000倍液或70%甲基硫菌灵可湿性粉剂1000倍液喷洒灭菌。

3. 穴盘和用具消毒灭菌 穴盘和其他用具使用前用高锰酸钾2000倍液浸泡10分钟,取出用清水冲洗干净、晾干。

4. 基质消毒灭菌 如果是首次使用的干净基质一般不用消毒。重复使用的基质则最好采用以下两种方法消毒处理:一种方法是用0.1%~0.5%高锰酸钾溶液浸泡30分钟后,用清水洗净;另一种方法是用福尔马林100倍液均匀喷洒在基质上,将基质堆起密闭2天后摊开,晾晒15天左右,等药味挥发后再使用。

(四)播　种

1. 用种量和种子质量 一般黄瓜种子的千粒重为25克左右,按每667平方米地种植4000株计算需种子100克左右。考虑到种子质量和为了排除各种影响造成死苗现象,确保壮苗足数定植,菜农常规育苗一般均按每667平方米200~250克的种子量准备。黄瓜种子的优劣直接关系到收获产量的高低及品质的优劣,进而关系栽培经济效益的优劣,因而一定要保证种子的纯度和质量。

2. 种子选择 首先选择种子要保证合适的品种,不但要适合于本茬口栽培,而且要适合于本地区栽培。如果引种本地区没有种过的品种,一定要经过小面积的试种,确实是表现好的品种再大面积推广。同时还要注意当地消费习惯对品种的要求。

其次播种前最好测验一下所购种子的发芽势和发芽率。简单的发芽势计算是黄瓜催芽3天内的种子发芽百分数。发芽势强的种子出苗迅速、整齐。发芽率是一定量的种子中发芽种子的百分率。黄瓜一般是指催芽 7 天内种子的发芽百分数。发芽率达 90%以上才符合播种要求。

3. 种子消毒　黄瓜种子表面甚至内部常常带有炭疽病、细菌性角斑病、枯萎病和疫病等多种病原菌，如果用带病菌的种子播种，很有可能导致幼苗或成株发病。所以播种前的种子消毒是十分必要的。

种子消毒主要有 4 种方法，可根据病害的发生情况，任选其一：①温汤浸种。将选好的种子整理干净，投入 55℃～60℃的热水中烫种，热水量是种子量的 4～5 倍，并不停地搅拌种子，当水温下降时，再加入热水，使水温始终保持在 55℃以上，15 分钟后把种子从水中捞出，置入 30℃温水中再浸泡 4～6 小时，保证种子吸足水分，然后将种子反复搓洗，用清水冲净黏液后晾干再催芽。此方法可消灭黑星病、炭疽病、病毒病、菌核病。浸种时可以在容器内放置 1 个温度计随时观察水温状况。②药剂浸种。把种子放入清水中浸泡 2～3 小时，再把种子放入福尔马林 100 倍液或高锰酸钾 800 倍液中浸泡 20～25 分钟，捞出用清水清洗干净后催芽，这样可防止黄瓜枯萎病和黑星病的发生。③恒温处理。把干种子放在 70℃恒温处处理 72 小时，经检查发芽率后浸种催芽，这样可防止病毒病和细菌性角斑病的发生。④生物菌剂拌种。先将种子浸湿或催芽露白后，每 200 克种子选用益微菌剂（300 亿个/克芽孢杆菌）20 克左右拌种，翻动数次后稍晾即可播种。此方法属于生物防治技术，以菌治菌，可防治苗期立枯、猝倒以及定植后的枯萎、根腐等多种病源杂菌。

4. 催芽　将浸泡萌动的种子放在 0℃条件下处理 1～2 天；或将萌动的种子放在－2℃～－4℃的冷冻环境下 2～3 小时，然后用凉水冲洗，再进行催芽。催芽时先放在 20℃下处理 2～3 小时，然后增温至 25℃。经过锻炼的种子，发芽粗壮，幼苗抗逆性能力强。

5. 基质装盘　将备好的基质装入穴盘中，用刮平板从穴盘的一端向另一端刮平，使每个穴孔基质平满。

6. 播种 使用压穴器，对准每个穴孔的中心位置，均匀用力压下，使每个穴孔中央形成深 0.5 厘米的播种穴。逐盘压穴，逐穴播种，每穴播种一粒种子，种子位于播种穴中央。播种后覆盖，低温季节宜用蛭石覆盖，高温季节宜用珍珠岩覆盖。覆盖后再用刮平板刮平。将覆盖好的穴盘置于苗床上，浇透水。

(五)苗床管理

1. 温度管理 黄瓜种子发芽和苗期生长的最适温度和高产栽培要求的温度不完全相同。下面从黄瓜高产栽培的角度介绍黄瓜育苗阶段所需的适宜温度，供菜农朋友在生产中参考应用。

第一阶段：从播种至开始出苗，应控制较高的床温，促进快出苗。一般床温为 25℃～30℃，2 天左右就开始出苗。此期间苗床温度最低 12.7℃，最高 40℃。

第二阶段：从出苗至第一片真叶显露(即破心)，此期要及时降温，控制较低的温度，一般白天为 20℃～22℃，夜间为 12℃～15℃。避免温度偏高，尤其是夜间如温度偏高将使胚轴发生徒长，成为“长脖苗”。

第三阶段：从破心至定植前 7～10 天，此期温度要适宜，白天可保持在 20℃～25℃，夜间在 13℃～15℃，这样有利于雌花分化且降低雌花节位。

第四阶段：即定植前 7～10 天进行低温锻炼，以提高黄瓜秧苗的适应能力和成活率。一般白天为 15℃～20℃，夜间为 10℃～12℃。

由于不同季节外界环境条件的限制，黄瓜育苗不可能都达到最适温度，但应采取各种有效措施，使苗床温度不要超出黄瓜所能承受的极限温度。冬季育苗可以通过铺电热线、日光温室内加盖小拱棚等措施使苗床的夜温不低于 10℃，短时间不低于 8℃。在夏季，可采用盖遮阳网等方法，使苗床的最高气温控制在 35℃以内，短时间不超过 40℃。

2. 光照管理　早熟栽培在低温、短日照、弱光时期育苗，光照不足是培育壮苗的限制因素。在生产中可明显地看到，在光照充足的条件下幼苗生长健壮、茎节粗短、叶片厚、叶色深有光泽、雌花节位低且数目多；而在弱光下生长的幼苗，常常是瘦弱徒长的弱苗。

为增加光照，要经常保持覆盖物的清洁，草苫早揭晚盖，日照时数控制在 8 小时左右。在温度满足需要的条件下，最好是在早晨 8 时左右揭开草苫，下午 5 时左右盖上草苫。阴天也要正常揭盖草苫，尽量增加光照的时间。如果连续阴雨天不揭开草苫，幼苗体内的养分只是消耗而没有光合产物的积累，会使幼苗发生黄化、徒长甚至死亡。

3. 水分管理　苗期保持基质的湿度，有利于雌花的形成。要根据基质湿度、天气情况和秧苗大小来确定浇水量。穴孔内基质相对含水量一般在 60%～100%，不宜低于 60%，更不宜等到秧苗萎蔫再浇水。阴天和傍晚不宜浇水。

秧苗生长初期，基质不宜过湿，秧苗子叶展平前尽量少浇水；子叶展平后，供水量宜少，晴天每天浇水、少量浇水和中量浇水交替进行，使基质保持见干见湿；秧苗 2 叶 1 心后，中量浇水与大量浇水交替进行；需水量大时，可以每天浇透；出圃前的 3 天，适当减少浇水。

在遵循浇水的原则前提下，高温季节浇水量加大甚至每天浇 2 次水，低温季节浇水量减小。灌溉用水的温度宜在 20℃左右，低温季节水温低时应当先加温后浇施。每次浇水前，应先将管道内温度过高或过低的水排放干净。

4. 施肥　如果基质配制时施入的肥料充足，整个苗期可不用施肥。如果发现幼苗叶片颜色变淡、出现缺肥症状时，可喷施少许质量好的磷酸二氢钾(如瑞士汽巴磷酸二氢钾),使用倍数为500倍液。在育苗过程中,切忌苗期过量追施氮肥,以免发生秧苗徒长影响花芽分化。

高温季节育苗时,肥料浓度宜低,自子叶展平开始施肥,以氮肥浓度为指标,其浓度值为70毫克/千克;以后随着秧苗的生长逐渐增加浓度,至成苗时该浓度值为140毫克/千克。低温季节育苗时,肥料浓度宜提高1倍。

(六)黄瓜壮苗标准

日光温室黄瓜栽培一般用中龄苗定植,苗期30～35天,要求3～4片真叶1心,叶片较大、呈深绿色;子叶健全,厚实肥大;株高15厘米左右,下胚轴长度不超过6厘米,茎粗5～6毫米,能见到雌花瓜纽;根系发达,较密、白色,没有病虫害。如果株高超过17厘米,茎粗小于5毫米,节间长,叶片薄而色淡,刺毛软,见不到瓜纽,根系稀疏,则为典型的徒长苗。如果株高低于13厘米,茎粗小于5毫米,叶片小而色深,节间很短,近生长点叶片抱团,瓜纽明显超过生长点,则为老化苗或僵苗。注意在定植时必须淘汰徒长苗、老化苗和僵苗。

(七)病虫害防治

主要病害是猝倒病、立枯病、霜霉病和病毒病。虫害为蚜虫、白粉虱。

1. 猝倒病、立枯病 播种前,进行基质消毒。控制浇水,浇水后要通风,降低空气相对湿度。缓苗期夜温不得低于10℃,发病初期喷洒百菌清或多菌灵或代森锌800倍液。

2. 疫病 播种前,用福尔马林100倍液进行种子处理,发病初期喷施百菌清800倍液,或代森锌1 000倍液或波尔多液2 000倍液。

3. 病毒病　在夏季高温干旱的条件下，加上蚜虫的为害，易发生病毒病。播种前可用10%磷酸钠溶液浸种20分钟，取出冲洗干净。在苗期注意遮荫降温，保持土壤湿润。

4. 蚜虫　主要喷吡虫啉1 500倍液，或啶虫脒2 000倍液。夜间还可每667平方米用0.5千克灭蚜烟剂熏烟防治，效果比直接喷药好。

5. 白粉虱　防治白粉虱可喷施扑虱灵2 000倍液，或烯定虫胺2 500倍液，还可设置黄板诱蚜。

（八）采取多项措施促进黄瓜多形成雌花

黄瓜雌花出现的早迟和多少，直接影响着产量的高低，尤其是黄瓜雌花节位愈低、雌花开花愈多，早期产量就愈高。而黄瓜雌花的形成除与品种自身特性和营养状况有关外，在很大程度上受苗期温度、光照、水分、营养和气体以及激素等条件的制约。改善和调节好苗床小气候，是促进黄瓜多开雌花、多结瓜、早上市的重要措施。

1. 温度　在黄瓜花芽分化时应保持白天温度在25℃左右，以利于光合作用的进行；夜间将温度降至13℃～15℃，以抑制呼吸消耗，有利于黄瓜体内营养物质的积累，能明显地增加雌花数量和降低节位；反之，夜间温度高，昼夜温差小，秧苗徒长，有利于雄花的形成；但夜间温度也不能降得太低，12℃以下的低温会使瓜苗生理失调，导致生长缓慢或停止生长。地温以18℃～20℃为宜。苗期温度管理最好采用变温法。

2. 光照　黄瓜属短日照植物，缩短光照有利于早形成雌花。在降低夜间温度的同时缩短日照时数，可增加雌花数量和降低雌花节位。育苗期间给予8小时的光照，对雌花的形成最为有利。每天给予5～6小时的光照，虽有利于雌花的发育，但对黄瓜幼苗生长不利。12小时以上的长日照有利于雄花的形成。日光温室冬、春季育苗，每天光照只有8小时左右，同时夜间温度也较低，正符合雌花形成的条件。

3. 水分 黄瓜雌花分化要求较高的空气相对湿度和基质湿度，基质和空气湿润有利于形成雌花，而干旱则有利于雄花的形成。基质和空气相对湿度在80%时，有利于雌花的形成，过高或过低都会减少雌花的数量。

4. 营养 基质肥沃，氮、磷、钾肥配合适当，多施磷肥可降低雌花节位，多形成雌花；而钾肥能促进形成雄花，不能多施，要适量。

5. 气体 大气中氧的平均含量为20.97毫升/米^3，基质内氧的含量因各种性状而不同。要求基质透气性良好，黄瓜不耐基质2%以下的含氧量，以10%左右为宜。正因为如此，黄瓜需要多施有机肥料。在基质过湿或板结的情况下，基质呈还原状态，会形成有毒物质，影响根系的活动，病害也容易发生，所以要注意基质的排水和中耕。

基质中二氧化碳的含量和氧相反，浅层要比深层内含量少。空气中二氧化碳的含量为300毫升/米^3，在苗期增加空气中二氧化碳的浓度，不仅可抑制瓜苗呼吸作用，还可提高光合效率，有利于雌花形成。如果二氧化碳含量增至1500～2000毫升/米^{3}以上时，黄瓜叶的同化量便会大大提高。由此可见，空气中二氧化碳的含量远远不能满足黄瓜光合作用的需要，应该设法加以补充。增加二氧化碳浓度的方法可以增施充分腐熟的有机肥料，也可在有保护设施的条件下增施二氧化碳气肥以及加强通风等。

6. 激素 对黄瓜花芽分化有影响的激素有乙烯利、萘乙酸、2,4-D、吲哚乙酸、矮壮素等，都有促进雌花分化的作用。乙烯利在生产上较为多用。育苗条件不利于雌花形成时，用乙烯利处理效果明显，但是乙烯利有抑制生长的作用，使用时应慎重。冬春茬育苗时，因昼夜温差大，日照较短，对雌花形成有利，一般不需用乙烯利处理；秋黄瓜育苗时，因温度高，日照长，昼夜温差小，可在第一片真叶展开后，喷施150～200毫克/千克乙烯利溶液，能增加雌花数量和降低雌花节位。

上述温、光、水、气等的小气候调节，应在子叶展开后的40天内进行，尤以幼苗子叶展开后的10～30天间处理效果最好。处理过迟，雌、雄花型已定，起不到促进早开、多开雌花的作用。

总之，要想在育苗期间多孕育雌花，并使之节位下降，为早熟丰产打下良好的基础，必须根据上述条件，采取相应的配套措施，这是培育壮苗获得早产高产的关键。

（九）正确识别与预防黄瓜"戴帽苗"

黄瓜育苗时经常出现"戴帽"出土现象，戴帽苗易形成弱苗，影响苗子质量。

1. 症状识别　黄瓜苗子出土后子叶上的种皮不脱落，俗称"戴帽"。秧苗子叶期的光合作用主要是由子叶来进行的，幼苗戴帽使子叶被种皮夹住不能张开，因而会直接影响子叶的光合作用，还会使子叶受伤，造成幼苗生长不良或形成弱苗，这样的幼苗定植后对后期植株的生长发育也有影响。

2. 发生原因　苗子"戴帽"是由多种原因造成的，如种皮、基质太干燥，致使种皮容易变干；出苗后过早揭掉覆盖物或在晴天揭膜，致使种皮在脱落前已经变干；种子秕瘪，生活力弱等。

3. 防治措施　不要播干种，播前要进行浸种处理，播种深度要均匀一致；加盖薄膜进行保湿，使种子从发芽至出苗期间保持湿润状态；幼苗刚出土时，如果基质过干要立即用喷壶洒水；一旦发现"戴帽"苗出现要立即人工摘除。

二、黄瓜穴盘嫁接育苗技术

(一)黄瓜嫁接育苗主要的优点

1. 增强黄瓜植株抗病能力,解决了连作重茬问题 因日光温室连年重茬种植,使病害逐渐积累,虫害逐年上升,黄瓜进行嫁接后,可以克服土壤连作障碍,防止根部病害发生,尤其可以避免镰刀菌枯萎病等土传病害,这样,不仅减少了农药的施用量,减轻了对黄瓜的污染,还能降低劳动成本和劳动强度,使经济效益得到进一步提高。

2、增产效果显著 砧木根系发达,吸水吸肥能力强,抗逆性强,嫁接后接穗得到了充足的水分和养分供应,生长速度加快且秧苗健壮,增产幅度大。据试验,嫁接黄瓜比自根黄瓜增产30%～50%。

3. 增强了植株抗逆性 用黑籽南瓜、日本优清等砧木嫁接的黄瓜,有效地促进了根系发育,提高了根系的耐寒耐热抗病等抗逆性和适应性,从而提高了嫁接黄瓜的产量。当地温下降至8℃左右时嫁接苗仍能保持较强的生长势,而不嫁接的黄瓜则停止生长。如果低温持续的时间较长,不嫁接黄瓜还会出现“花打顶”以及“寒根”等冷害现象。

(二)嫁接黄瓜选用砧木的依据

黄瓜嫁接栽培时必须选择优良的砧木,以达到防病和早熟的目的,因此砧木的选择在嫁接栽培中至关重要。选择砧木时要掌握以下4个基本原则:一是砧木与接穗的亲和力,主要包括嫁接亲和力和共生亲和力。嫁接亲和力是指嫁接后砧木与接穗愈合的程度,可以用嫁接后的成活百分率来表示。嫁接后砧木很快就与接穗愈合，成活率高，则表明砧木与接穗的嫁接亲和力高；反之则低。共生亲和力是指嫁接成活后两者的共生状况，一般用嫁接成活后嫁接苗的生长发育速度、生育正常与否、结果后的负载能力等来表示。嫁接亲和力和共生亲和力并不一定一致，有的砧木与接穗嫁接成活率很高，但后期表现不良，表现为共生亲和力差。因此，生产上选择砧木时，要选择嫁接亲和力和共生亲和力都较高且较一致的砧木。二是砧木的抗病能力。选用砧木嫁接黄瓜最重要的一个目的就是为了增强黄瓜的抗病力，尤其是对镰刀菌枯萎病等土传病害的抵抗力。因此，选择的砧木必须具有抵抗这些病菌的能力，这也是选择砧木的一个重要因素。三是砧木对黄瓜品质的影响。不同的砧木对黄瓜的品质会有不同的影响，因此黄瓜在嫁接时，必须选择对黄瓜品质基本无不良影响的砧木。四是砧木对不良环境条件的适应能力。在嫁接栽培的情况下，黄瓜植株的低温生长性、雌花出现早晚和低温坐果性，以及根群的扩展和吸肥能力、耐旱性和对土壤酸度的适应性等，都受砧木固有特性的影响。不同的砧木有不同的特性，对接穗的影响也不相同。因此，根据需要选用最适宜的砧木，这是获得黄瓜早熟、丰产和优质的关键之一。在日光温室栽培中，由于温度低、光照弱，应选择耐低温、耐弱光、对不良环境条件适应性强的砧木。

（三）适于黄瓜嫁接的主要砧木品种

1. 黑籽南瓜　根系强大，茎圆形，分枝性强。叶圆形，深裂，有刺毛。花冠黄色或橘黄色，萼筒短、有细长的裂片；花梗硬、较细，棱不显著，果蒂处稍膨大。果实椭圆形，果皮硬、绿色，有白色条纹或斑块。果肉白色，多纤维。种子通常黑色，有窄薄边。千粒重 250 克左右。黑籽南瓜要求日照严格，日照在 13 小时以上的地区或季节不形成花芽或有花蕾而不能开花坐果。生长要求较低的温度，在较高的地温条件下生长发育不良。黄瓜嫁接通常是选用黑籽南瓜作砧木。其原因有三：一是南瓜根系发达，入土深，吸收范围广，耐肥水，耐旱能力强，可延长采收期增加产量。二是南瓜对枯萎病有免疫作用。三是南瓜根抵抗低温能力强。黄瓜根系在温度为 10℃时停止生长，而南瓜根系在 8℃时还可以生长根毛。由于南瓜嫁接苗比自根苗素质高、生长旺盛、抗逆性强，前期产量和总产量均比自根苗显著提高。

2. 中原共生 Z101 由郑州中原西甜瓜研究所利用国外种质资源，通过远缘杂交育成的黄瓜砧木新品种。中原共生 Z101 较黑籽南瓜优点突出。表现发芽势强，出苗整齐，髓腔紧实，嫁接亲和力强，根系发达，吸水吸肥力强，植株生长旺盛，抗寒耐热，在低温条件下生长迅速，中后期不早衰。抗枯萎病，可彻底解决重茬连作障碍。耐根结线虫病也是其他砧木所不具备的。本品种完全不同于一般黑籽南瓜，对黄瓜品质、风味无任何影响，最大限度保持原品种特性。同时表现坐瓜提前，坐果率高，瓜条顺直，单瓜重增加，颜色深绿、有光泽，商品价值高，可提早上市。同时，采收期延长，其产量比用黑籽南瓜作砧木提高 30%。

3. 特选新土佐砧木 系从日本引进的杂交一代南瓜（笋瓜与中国南瓜的种间杂交种）。生长势强、吸肥力强，与黄瓜等瓜类亲和力均很强，耐热、耐湿、耐旱，低温生长性强，抗枯萎病等土传病害；适应性广，苗期生长快，育苗期短，胚轴特别粗壮；很少发生因嫁接而引起的急性凋萎，能提早成熟和增加产量，比自根苗减少使用氮肥 30%。

4. 壮士 属中国南瓜。生性强健，根部抗镰刀菌病害枯萎病、凋萎病等，适于作黄瓜、苦瓜、甜瓜、西瓜的根砧，亲和性良好。因南瓜根砧吸肥、吸水力强，低温生长性亦强，故可使嫁接其上的黄瓜生育结果更佳。

近年来，白籽型南瓜有代替黑籽型南瓜的趋势。这是因为用白籽型南瓜作黄瓜砧木，嫁接后可起到预防因拟茎点霉根腐病造成黄瓜死棵和增强黄瓜瓜条光亮的作用。白籽型南瓜与黑籽型南瓜相比具有以下优势：一是与黄瓜的亲和性强；二是根系发达，抗寒性强；三是抗病能力强；四是瓜条商品性好。瓜条的光泽度好于黑籽南嫁接的黄瓜，且瓜条顺直、果形美观。白籽型南瓜可在温室中自繁种。

(四)穴盘的选择

黄瓜嫁接育苗选用标准穴盘。砧木播种选择 72 孔穴盘，接穗播种选择 128 孔穴盘。

(五)基　质

请参阅黄瓜穴盘育苗技术相关内容。

(六)嫁　接

黄瓜嫁接育苗采用的嫁接方法有靠接法、插接法和劈接法等。穴盘嫁接育苗多用插接法。其具体方法是：先将砧木苗去掉其生长点，用一根光滑竹签从砧木子叶基部的一侧，向胚轴中斜插其尖端，至顶住砧木下胚轴的表皮为止。竹签插入砧木内的长度一般控制在 0.5～0.7 厘米。削接穗时，用左手托住黄瓜苗的两片子叶，将下胚轴拉直，右手拿刀片，从黄瓜子叶下 1 厘米处以 30°角斜削一刀，把下胚轴大部分及根削掉，使接穗的下胚轴上的斜切面长为 0.5～0.7 厘米；随即从砧木中拔出竹签，将接穗的切面向下插入砧木顶心的小孔中，使两者切口密切结合，并使接穗与砧木的子叶着生的方向呈“十”字形(图 3-1)。

用插接法嫁接黄瓜须注意的是：砧木南瓜的播种日期应比黄瓜的播种日期提前 3～5 天。南瓜播种的种子粒距为 4 厘米左右，不能播得太密，以防止出现高脚苗。黄瓜种子的粒距为 1～2 厘米。要求嫁接的适宜形态是：黄瓜苗子叶展平，砧木苗第一片真叶长至五分硬币大，一般在南瓜播后12～13天进行。

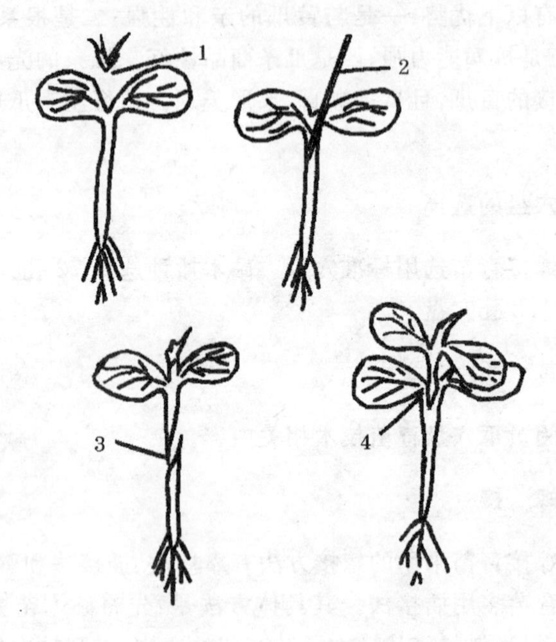

图3-1 黄瓜插接过程

1. 去掉南瓜顶芽 2. 斜向插入竹签 3. 削切黄瓜接穗 4. 插上接穗

(七)嫁接苗管理

嫁接苗成活率的高低与嫁接后的管理技术有着非常重要的关系，黄瓜嫁接苗管理的重点是为嫁接苗创造适宜的温度、湿度、光照及通气条件，以加速接口的愈合和幼苗的生长。

1. 保温 嫁接苗伤口愈合的适宜温度为25℃左右。接口在低温条件下愈合很慢，影响成活率。因此，幼苗嫁接后应立即放入拱棚内，幼苗排满一段后，及时将薄膜的四周压严，以利于保温、保湿。苗床温度的控制，一般嫁接后3～5天内，白天保持24℃～26℃，不超过27℃；夜间保持18℃～20℃，不低于15℃。3～5天以后，开始通风，并逐渐降低温度，白天可降至 22℃～24℃，夜间降至 12℃～15℃。

2. 保湿　如果嫁接苗床的空气相对湿度比较低，接穗易失水引起凋萎，会严重影响嫁接苗成活率。因此，保持湿度是关系到嫁接成败的关键。嫁接后 3～5 天内，小拱棚内空气相对湿度控制在 85％～95％，但营养钵内土壤湿度不要过高，以免烂苗。

3. 遮光　在棚外覆盖稀疏的草苫或遮阳网，避免阳光直接照射秧苗而引起接穗萎蔫，夜间还起保温作用。在温度较低的条件下，应适当多见光，以促进伤口愈合；温度过高时，可适当遮光。一般嫁接后 2～3 天，可在早晚揭除草苫以接受弱的散射光，中午前后覆盖草苫遮光。以后逐渐增加见光时间，1 周后可不再遮光。

4. 通风　嫁接后 3～5 天，嫁接苗开始生长时可开始通风。开始通风口要小，以后逐渐增大，通风时间也随之逐渐延长，一般 9～10 天后即可进行大通风。开始通风后，要注意观察苗情，发现萎蔫，及时遮荫喷水，停止通风，避免因通风过急或时间过长而造成秧苗萎蔫。

5. 抹芽　砧木切除生长点后，会促进不定芽的萌发，如不及时除去，将会影响对接穗的养分与水分供应。这一工作约在嫁接后 1 周开始进行，2～3 天除 1 次不定芽。

另外，要注意经常观察接穗是否保持新鲜、是否有明显的失水现象等；幼苗成活后要进行大温差锻炼，使幼苗生长健壮；及时去掉砧木侧芽，防止它与接穗争夺养分而影响接穗的成活。

三、黄瓜双根嫁接育苗技术

该技术采用双砧一心，根连根而形成强大的根系，可大幅度地提高单株产量。尤其是在连续阴天的 1 月份和 2 月份能正常生长，连续结瓜，不封头，表现出特别耐寒、耐弱光的特点，经济效益增加1倍以上。

前期专用嫁接白籽的根系长势快,结的瓜条顺直整齐、色泽光亮。中期黑籽的根系长势快,在保证白籽根的优势后又发挥强大的根力,整个植株特别旺盛。后期双根长势都很旺盛,不封头,能提高产量1倍以上。

(一)接穗苗及砧木苗的培育

播种黄瓜种子;当黄瓜苗出齐后,播种黑籽南瓜种子;然后再播种白籽南瓜种子。

(二)接穗与黑籽砧木的嫁接

当黑籽砧木的子叶展平时,进行嫁接。首先将黑籽砧木取出,切去生长点,然后在下胚轴离子叶1厘米处,用刀片自上而下斜切0.7厘米长的切口,切口与下胚轴呈30°角;再将黄瓜苗取出,在下胚轴离子叶2厘米处,用刀片自下而上斜切一舌形楔,舌形楔与黑籽砧木切口相配合;当黄瓜接穗的舌形楔插入砧木的切口中,将两株幼苗切口嵌合连接在一起,使黄瓜的子叶位于砧木子叶的上面,并用嫁接夹固定。

(三)接穗与白籽砧木的嫁接

将白籽砧木取出,切去生长点;然后在下胚轴离子叶1.5厘米处,用刀片自上而下斜切0.7厘米长的切口,切口与下胚轴呈30°角;再取出与黑籽砧木嫁接过一次的接穗,在没有砧木的一侧,接穗下胚轴离子叶2厘米处,用刀片自下而上斜切一舌形楔,接穗的根全部切掉,形成的楔形与白籽砧木切口相配合;将舌形楔插入白籽砧木的切口中,并用嫁接夹固定,将植株栽入事先准备好的育苗钵中。

嫁接后的管理参阅“黄瓜穴盘嫁接育苗技术”部分相关内容。

四、黄瓜泥炭营养块育苗技术

(一)泥炭育苗营养块的突出优点

1. 无菌无害、无病虫卵　泥炭是沼泽草本植物遗体在高湿厌氧的环境中经万年堆积不完全分解而成的富含水分、有机质、腐殖酸、多元缓释养分的松软地质体，无菌无害，不含病虫卵，克服了传统育苗老园土携带病菌、虫卵等引起土传病虫害的缺点，还可减少草害的发生，极大地减少了苗期管理中防病治虫的劳动强度和人力物力的投入。

2. 利于幼苗健壮生长　泥炭本身富含营养，制作育苗块时又加入了多种营养，可满足蔬菜幼苗对养分的需求，保证了幼苗健壮生长。有资料显示，用泥炭营养块育出的黄瓜苗茎粗增加20%～22%，根数增加了20%～30%，根干重增加40%～50%，叶面积增加10%～12%，从而提高了幼苗的抗逆性，有利于培育壮苗。

3. 养分供应时间长，管理幼苗省工省时　营养块中含有大量的有机质、腐殖酸和多种缓释营养元素，养分供应可达70～80天，对幼苗管理极为简便，只需要按时补水即可，无须施肥。

4. 定植不缓苗，产品提前上市，增产增收　幼苗营养块直接定植，不伤根、不缓苗，定植后直接进入旺盛生长阶段。研究表明，产品可提早7～15天成熟，平均增产20%～30%。

5. 改良土壤，培肥地力　泥炭中含有丰富的有机质、腐殖酸、纤维素和氮、磷、钾及多种微量元素，有较强吸附性，能平衡土壤中盐分含量，调节pH值，有很好的离子交换能力。带营养块定植可提高土壤中有益菌群数量，增加土壤有机质，提高土壤肥力，改善土壤理化性状。

(二)泥炭营养块的育苗方法

采用泥炭营养块育苗是一种新型的育苗方式,有别于传统的育苗方式。只有正确掌握育苗方法,才能达到预期目的。

1. 种子处理 播前将种子晾晒 2 天,提前 1～2 天浸种催芽。种子露白待播。

2. 做畦铺膜 播前 1 天在育苗地做畦,畦高 5～7 厘米、畦宽 1.2 米、长度据播种数量而定,将畦面整平压实,上铺农用薄膜,防止水分渗漏外流和根系下扎。

3. 摆营养块,浇透水 在畦面的农膜上按播种的数量整齐摆放育苗营养块(选用圆形小孔 40 克营养块),按每 100 个育苗营养块吸水 15 升浇水,分 2～3 次浇完,以便充分吸收。吸水后营养块迅速膨胀疏松。用竹签扎刺营养块,如有硬心需继续加水,直至全部吸水膨胀为止。

4. 播种覆盖 营养块吸水膨胀的第二天,在每个营养块的播种穴里播 1 粒露白的种子,上覆 1～2 厘米厚的专用覆种土,无须按压,育苗块间隙不必填土,以保持通气透水,防止根系外扩。

5. 苗期管理 播种后对营养块不要移动、按压,否则易破碎,2 天后即会固结一体、恢复强度,方可移动。管理上视营养块的干湿和幼苗的生长情况及时补水,防止缺水烧苗。整个苗期只浇水无须施肥。定植前 3～4 天停水炼苗,定植时将营养块一起定植,在营养块上面覆土 2～3 厘米,栽后浇透水。

(三)泥炭营养块的注意事项

第一,定植时应把营养块全部埋在土中,上面至少盖土 2～3 厘米,定植后应浇透水。

第二,老龄棚地等病害较多的土壤应在定植穴内适当加入杀菌剂,以防止病菌侵染。

第三，达到苗龄应及时定植，若不能按期定植应采取措施防止出现根系老化和脱肥现象。

五、微型黄瓜侧枝扦插繁殖技术

微型黄瓜又名水果黄瓜、小黄瓜。是近几年来迅速发展起来的一种新兴蔬菜。它的经济效益是普通大黄瓜的2～3倍，甚至更多。但是其种子昂贵(一般一粒种子0.5～0.6元)，育苗不小心便会造成较大损失。生产中可以利用侧枝育苗法，以提高种子的利用效率，弥补这一缺陷，从而降低种子的成本。这样，种子效益增加1倍多，取得了良好效果。

(一)选取侧枝

从健壮无病的植株上取侧枝，侧枝长10厘米，具2～3个节。侧枝要用锋利的刀片切取，而不要用钝剪或手掰，保持切口整齐，防止侧枝表皮造成较大伤口而不易愈合。

(二)苗床准备

苗床每100平方米均匀施入腐熟有机肥500千克，加过磷酸钙20千克，细致耕翻，深度20厘米左右，而后用100倍的福尔马林液喷洒床土，用塑料膜覆盖闷2～3天进行消毒。最后再耙细整平做畦。

(三)侧枝扦插

把切取侧枝展开的叶片全部去掉，只剩下生长点处的小叶片，在阴凉背风处放2个小时，以利于伤口自然愈合。而后用1 500毫克/千克萘乙酸溶液快速浅蘸侧枝基部再扦插。

因黄瓜侧枝非常柔软，不能直接插入苗床，应用小铲间隔10

厘米开小沟(小沟深4～5厘米),在沟中间隔10厘米摆上黄瓜侧枝,再用土培好。注意侧枝不能埋得太深,太深了侧枝易烂,太浅了根系太小不易成活。

(四)扦插后的管理

扦插后加强管理,做好以下4项工作:①插好后立即浇透水,扣上小拱棚,并进行遮荫,避免强光直射,使小拱棚内光照强度为自然光照的30%左右即可。光太强了则易失水,完全遮光则地上部分不能进行光合作用、生根困难。②为保证侧枝不脱水,小拱棚温室内要保持90%以上的湿度,要经常喷水,保证湿度。③温室内温度保持20℃～30℃,最好保持在25℃左右,以利于发根。④在上述条件下,一般2周左右即可生根,之后逐渐减少遮荫,5天后接受正常光照。一般成活率可达80%以上。当长至1片真叶展开、根系发育良好时,便可取苗移栽。

扦插黄瓜苗由于没有主根,只有侧根、根层较浅,所以栽培管理上要比种子苗更要注意勤追肥浇水,需少量多次进行。扦插苗在生长前期的5节以下的幼瓜要及早摘除,以促进植株健壮,为以后丰产打下基础。

第四章　日光温室黄瓜多茬次栽培技术

一、早 春 茬

(一)生育期间的环境特点及主攻方向

日光温室早春茬黄瓜的育苗期是一年当中温度最低、光照最弱的时期,但育苗占地面积小,增温防寒便于管理。黄瓜定植以后,随着瓜苗的逐渐长大,光照一天比一天强,温度一天比一天高,室内的小气候与黄瓜生长所需要的条件正相吻合,植株生长健壮,能获得高产。黄瓜的苗龄比其他果菜类短、结果早,采收期也早,加上春季是蔬菜的大淡季,价格又好,所以这茬黄瓜也是一年当中黄瓜种植的"黄金"季节。

1 月份是全年中低温、寡照环境条件最差的时期,此时如何培育出适龄壮苗是生产成功的关键所在。加强苗期的管理,培育优质壮苗,是生产上的主攻方向。故应在日光温室中进行电热温床育苗。

(二)育　苗

1. 品种选择　早春茬黄瓜同冬春茬一样,要求所选品种要在低温和弱光下能正常结瓜;同时还要耐高温和耐高湿,在高温和高湿条件下结瓜能力强,结回头瓜多。另外,还要抗病性好,对日光温室环境的适应能力强,对管理条件要求不严,意外伤害后恢复能力要好。目前,生产上应用的绝大部分品种还只限于密刺系列,包括原有的长春密刺、新泰密刺、津春 3 号、津绿 3 号、中农 5 号等。

2. 播种期的确定　早春茬黄瓜一般苗龄为45天左右，定植后约35天开始采收，从播种至采收需历时80天左右。早春茬黄瓜一般要求在4月前后开始采收，以便到五一节前后进入产量的高峰期。由此推算，正常的播期应在12月下旬至翌年1月中下旬。

3. 温床法育苗　在日光温室内采取电热温床法育苗。早春茬黄瓜育苗时采用一次播种育成苗的方式，即将出芽的种子播入营养钵或营养穴盘中，不再分苗。苗床要选择日光温室采光条件较好的部位，一般供667平方米地所需的苗需育苗地20～25平方米。温床育苗要注意解决以下几个问题。

(1)温度影响　黄瓜苗期温度一般不宜过高。如果温度过高会延迟雌花的形成，提高第一雌花的节位，影响早熟性。白天一般控制在28℃，夜间17℃。

(2)子叶的问题　若发现幼苗的子叶一大一小或者在同一侧面，这是由于种子不充实造成。若在土壤水分充足情况下，发现幼苗的子叶尖端下垂、颜色翠绿，这主要是温度低所致。如果子叶边缘变白而且向上卷起，这是突然降温所致。

一般来说，黄瓜子叶寿命的长短，往往影响黄瓜植株寿命的长短(病虫害特重引起过早拉秧除外)。黄瓜子叶枯萎脱落期是在子叶张开后的20多天乃至70多天，在日光温室生产上尽量保持子叶长久不脱。如果发现子叶尖端部分黄萎、叶肉很薄，并且含水分多，这是光弱、浇水过多所致，严重时可使根系腐烂一部分。如果子叶尖端干燥枯黄，这是缺水或土壤肥料过浓所致。所以，日光温室幼苗要特别注意肥水的适量。

(3)关于幼苗真叶问题　一般生长正常的幼苗真叶中部、上部叶片面积应比下部的大，新生叶片颜色应比原有的浅。如果发现相反现象，多半是缺水所致，如不及时发现，容易出现“花打顶”现象。如果真叶的叶肉厚、浅黄、没有光泽，幼茎生长慢，生长点缺少生气，主要是地温低所致。

(4)关于苗龄问题　为了提早上市，应用大苗龄甚至带1～2个雌花的苗进行定植，便于早熟。一般以生理苗龄4～6叶心，日历苗龄35～50天定植。具体苗龄长短应根据定植环境条件而定。一般定植环境条件好的，苗龄可短些；反之，苗龄可长些。

(5)育苗定植前选苗　在苗子出苗3～5天即可选苗1次，选子叶肥厚、两面大小对称的苗，把不对称的和往一面背的苗去掉。

(三)定　植

1. 定植日期　一般在2月初至3月初定植，具体早晚可参照上述播种日期和定植的环境条件。

2. 做垄、做畦及肥料管理　一般畦作或垄作栽植。在做畦做垄前应深翻地，并施足有机肥。一般每667平方米施有机肥2500～5000千克，用鸡粪、猪粪、马粪等均可。但一定是已发酵好的，尤其鸡粪不发酵好易发生粪害。一般面施然后深翻做畦做垄。畦一般打成南北向。为了提高地温，一定要高畦、高垄作业。一般培成15～30厘米高。若做畦，畦面打成70～80厘米宽，每畦栽2行，株距20～25厘米，作业道50～60厘米；垄作的也应打成小垄、大垄2个一对栽苗，小垄为作业道。注意畦中间一定开个水沟，以备后期大量需水时从畦面中间沟浇水。做垄或做畦时，每667平方米施磷酸二铵30千克和硫酸钾20千克左右作基肥。栽苗时，刨埯或在畦面上开沟，将苗带坨按株距摆入、稍加围土，然后在穴中浇水(刨埯的)或从沟一头用管子漫淌，一定要充分浇透土坨。待水全部渗入后覆土，盖没土坨上方1厘米即可。栽苗时不要太深。栽后2～3天在畦或垄上盖地膜。

(四)定植后的管理

1. 环境调控　一般定植后数日内要紧闭通风口，暂不通风。

除非温度高达34℃以上时才可短时通小风，把温度稍降一下。一般缓苗前白天温度保持在28℃～32℃，短时的33℃～34℃也可以不必通风。夜间温度最好在20℃以上。待缓苗后温度适当降低，白天一般为25℃～30℃，夜间为16℃～18℃。阴天时，温度要相应降低，白天保持20℃～22℃，夜间16℃～17℃。同时在对温度影响不大的情况下，尽量早揭和晚盖防寒保暖覆盖物，尽可能多地增加光照。在通风降温、排湿换气时，注意打开通风口，不要让冷空气直接吹向植株，使植株骤然受冷而"闪苗"(萎蔫)，影响生长发育。随着气温逐渐升高，逐步加大通风量。

2. 肥水管理 浇水是日光温室黄瓜栽培的一个重要而又复杂的问题，它涉及的范围较广。春提早栽培的前期，温度较低，每次浇水会引起降温，但为了促使植株生长又不能不浇水，因此浇水技术十分讲究。一般定植水浇后5～7天不用再另行浇水。为了防止水分过量蒸发，可采取中耕的办法，一方面可破坏土壤毛气孔，另一方面要疏松土壤以利于透气，以促进黄瓜早发根。如果缓苗较慢、而又需浇水时，浇水量一定要小，能满足黄瓜生长需要即可。如果是缓苗很好，大缓苗后干旱缺水，这时每次浇水应基本浇透，尽管外界气温很低，也应避免少量多次浇水。一般原则是根瓜长到大拇指长短前不浇大水。随着黄瓜果实的膨大、外界气温升高，需水量加大，浇水次数要增加。

定植初期，日光温室的前边空间小，易受外界低温的影响，因而前边的温度低，植株对水分的消耗也小于后边的。到后期，由于日照充足、气温升高，前边的地温随之升高，植株对水分的需求反而大于后边的，所以浇水要注意区别对待。前期前边的浇水量要适当小些，后期则加大水量。地下水位高的日光温室，黄瓜栽培要比地下水位低的每次浇水量小些、浇水间隔时间长些。日光温室东西两山墙附近，由于早晨或傍晚分别有一段时间遮荫，此处黄瓜蒸腾水分和土壤水分蒸发量都小，且黄瓜长势也弱些。因此，各次浇水量要小些(定植水除外)，阴天雪天不浇水。但若在结瓜期遇到连阴天或雪天，为了保秧、保瓜，可以采取浇小水或喷畦埂等措施补充土壤水分。如果施肥量过大或者施入尚未腐熟的有机肥料，容易造成幼苗烧根，要浇大水，以稀释土壤溶液和降低土温。

当根瓜采收后，随着瓜量增加，外界气温升高，浇水则由人行道引水浇灌。当主蔓已经摘心且顶瓜已采收，为了促使回头瓜产生，应控制一段时间浇水，直到回头瓜开始发育时再恢复正常浇水。

一般自根瓜开始，需肥时可随浇水施肥。实行有机肥与速效肥交替施用为好。最好是随水追施发酵好的人粪或鸡、鸭粪。若无此条件，要追施化肥，一般每浇 1～2 次水可施 1 次化肥。一定要少量多次。化肥用硝酸铵、硫酸铵、尿素均可，一般每次每 667 平方米施 10～15 千克。尿素含氮高，施用量可小些。在结瓜后，补充钾肥对提高植株抗性和改善品质很有好处。一般施硫酸钾或氯化钾。施几次为好，要根据实际情况确定。

3. 植株调整

(1)吊架　当秧苗长至 5～6 叶时易倒伏，用无色透明塑料绳吊架，吊架注意每次缠绕秧时不要把瓜码绕进绳里边去。

(2)整枝绑蔓　绑蔓一定要轻，不要碰伤瓜条和叶片而影响生长。绑蔓时，使每排植株的"龙头"即植株顶端最好处于同一高度上，以求得整体一致。具体做法是：对生长势较弱的植株就可以直立松绑，对生长势强的弯曲紧绑，用不同的弯曲程度来调整植株生长上的差异。每次绑蔓使"龙头"朝向同一方向，这样有规律的摆布能有效地防止互相遮荫，使植株能更好地采光。绑蔓时顺手摘除卷须，以节约养分。对有侧蔓的品种，应将根瓜下的侧蔓摘除，其上侧蔓可留 1～2 个瓜摘心。根据棚空间可确定摘心时间，一般主蔓长到 25 片叶时即可摘心。主蔓摘心可采用"闷小尖"的办法，即株株长至架顶时，把顶端叶子沿未展开的小尖(生长点)掐去。

这样做可使植株的营养损失较小。黄瓜生长中后期及时摘除基部老叶、黄叶、病叶，以利于通风透光和减轻病虫害。

(3)落蔓　日光温室黄瓜的栽培时间比较长，一般采取以挂钩斜吊法为主的整枝法，不采取摘心或换头等技术控制其生长，所以黄瓜植株的高度一般都可长到3米以上。植株过高，尤其当植株顶到棚顶薄膜时，不仅影响薄膜的正常透光，植株间相互遮荫，导致日光温室内通风透光不良，而且在寒冷冬季容易造成黄瓜龙头遭受冻害，一方面影响黄瓜的产量和品质，另一方面容易导致病害的发生和传播，不利于黄瓜的正常生长。所以，为使黄瓜植株能继续生长结瓜，采取落蔓技术是行之有效的好方法，即将植株整体下落，让植株上部有一个伸展空间供继续生长结瓜，实现日光温室黄瓜的高产、高效、优质栽培。

①具体落蔓方法　当黄瓜满架时，就开始落蔓。落蔓时，先将瓜蔓下部的老叶和瓜摘掉，然后将瓜蔓基部的吊钩摘下，瓜蔓即从吊绳上松开，用手使其轻轻下落顺势圈放在小垄沟上的地膜上(日光温室黄瓜采用地膜栽培)，瓜蔓下落到要求的高度后，将吊钩再挂在靠近地面的瓜蔓上，然后将上部茎蔓继续缠绕、理顺，尽量保持黄瓜"龙头"上齐。

②落蔓应注意的问题

第一，黄瓜落蔓前7～10天最好不要浇水，以降低茎蔓组织的含水量，增强茎蔓组织的韧性，防止落蔓时造成瓜蔓断裂。落蔓前要将下部的叶片和黄瓜摘掉，防止落地的叶片和黄瓜发病后作为病原传播侵染其他叶片和黄瓜。

第二，要选择晴天落蔓，不要在10时前或浇水后进行。否则，茎蔓组织含水量偏高、缺乏韧性，容易折断或扭裂。落蔓的动作要轻，不要强拉硬拽。要顺着茎蔓的弯向引蔓下落，盘绕茎蔓时要随着茎蔓的弯向把茎蔓打弯，不要硬打弯或反向打弯，避免折断或扭裂茎蔓。瓜蔓要落到地膜上，不要落到土壤表面，更不允许将瓜蔓埋入土中，以避免黄瓜茎蔓在土中生不定根后失去嫁接的意义。瓜蔓下落的高度一般在0.5～1米。保持有叶茎蔓距垄面15厘米左右，每株保持功能叶15～20片。具体高度应据黄瓜长势灵活掌握，若下部瓜很少或上部雄花多雌花少、瓜秧长势旺，可一次多下落些，否则可少落些。注意保证温室内植株间高度相对一致，即东西方向高度一致，南北方向是北高南低趋势。

第三，落蔓后要加强肥水管理，促发新叶。追肥方式以膜下沟冲施肥法为宜。落蔓后要加强防病措施，根据黄瓜常发病害的种类，随即选用相应的药剂喷洒防病。落蔓后的几天里，要适当提高日光温室内的温度，促进茎蔓的伤口愈合。落蔓后茎蔓下部萌发的侧枝要及时抹掉，以免与主茎争夺营养。

(五)采　收

根据当地消费习惯和最大效益进行采收。一般在正常管理条件下，雌花谢后10～14天即可采收。随着以后气温升高，瓜条发育速度加快，需勤采收。

(六)日光温室黄瓜管理中存在的误区

1. 不打杈和摘弱小瓜　黄瓜地上、地下生长呈正相关，幼苗期不抹芽杈，利于生长毛细根。到结瓜期就应抹掉幼芽和幼瓜，集中营养长黄瓜，不少黄瓜植株1米多高了，下部侧芽还多达5～6个，长达10～15厘米也不摘除，想让植株上、下同时长瓜，这样做反而会分散营养，黄瓜长得慢、瓜不正，产量低，采收期延后。正确的处理办法：①待根瓜开始进入膨大期，将侧芽及早抹去，以免消耗营养。②每棵植株在生长点以下1.3米处留足6～7个瓜，其余弱小瓜全部疏掉，集中营养促使优势瓜生长，使其生长快、瓜形正、产量高。

2. 无头秧不摘叶　虫伤、冻害、机械伤或肥害、缺钙枯头，都会造成黄瓜秧失去生长点。很多菜农在管理上任其生长，结果原叶肥厚僵化，新叶长期萌生不出来，错过了与其他植株同伍齐长的机会，缺苗断垄，产量下降。正确的处理办法是：①在养好根系的前提下，将原叶全部摘掉，7～10 天可萌生新生长点。②摘叶后穴浇 1 次 700 倍液硫酸锌或微生物肥，促长新枝。

3. 把雌花早蔫误以为缺水　正常的黄瓜膨大期只有 2～3 天，果实顶花带刺，有些幼瓜长 3～4 厘米时顶花就凋萎了。很多人认为是缺水造成的，于是浇大水，但不见好转；又施肥，雌花更加萎蔫。究其原因是土壤浓度过大引起的蔫花症。正确的处理办法是：①土壤和水的 pH 值超过 8.2，应浇大水压碱，栽前深耕降碱。地面覆膜，盖麦糠保湿，减少蒸发量，控碱上升。②施牛粪、腐殖酸肥、微生物肥、秸秆肥解碱，不施或少施盐类化肥。

4. 留雄花授粉　黄瓜系雌雄同株，雌花不授粉也能结瓜，且是无籽瓜。有人误认为不去掉全部雄花，雌花花朵萎蔫推迟，瓜形正，可提高产量。正确的处理办法是：雄花及早全部抹掉。

5. 推迟摘瓜可提高产量　按正常生长规律，植株上的黄瓜应是中青幼结合，而不是老中青结合。有些人认为，大瓜生长比率大。其实大瓜长到一定程度，开始变粗了，内含水分降低了，并且影响幼瓜生长。经试验，每天摘 1 次瓜比隔日摘 1 次瓜数量多 20%左右、增产 9%以上，比隔 3 日摘 1 次瓜数量多 40%左右、增产 10%以上，并能减少畸形瓜的出现。正确的处理办法是：①能上市卖出去的瓜就摘，越早越好。②根瓜、畸形瓜长不大、长不好，应早摘。③幼瓜超过 6～7 个，应及早疏瓜。

6. 生长旺则产量高　水足、温高、氮肥足，叶蔓生长旺，田间态势好，着瓜生长快，瓜条壮。其实，这种外强内虚的植株态势，远不如矮化、生长稳健的植株总产量高。正确的处理办法是：①苗期控水囤秧促长深根。②栽后控湿，空气相对湿度在 50%～79%，可提高产量 25%以上，控氮、蹲苗、控蔓促长瓜。③灌施植物基因诱导表达剂，矮化植株，提高光合强度和产量。不用矮壮素等抑制光合作用和影响植株正常生长的矮化剂控秧。

7. 连阴天不揭草苫 不少人认为阴天无光，不揭草苫无关紧要。其实，黄瓜生长的两个主要因素是光照和温度二者缺一不可，连阴天不揭草苫，植株不仅不能见光，更重要的是温度上不去，不能进行蒸腾作用，因而不会将水分解成氧、氢离子。根系内缺氢离子，难以交换的铁、钙、硼就不易运动，造成根系萎缩变小，进而缺素枯死。环境缺氧离子，会使植株徒长染病。正确的处理办法是：①连阴天揭开草苫子见光。②浇施微生物肥或基因诱导表达剂，增强抗性，提高营养元素及离子的活性和吸收量。

二、越夏茬

(一)生育期间的环境特点及主攻方向

此茬口多是为充分利用5～10月份日光温室闲置期而进行生产的。这一时期温度高、光照强，加之烟粉虱、白粉虱、美洲斑潜蝇等害虫为害非常严重，不适宜黄瓜正常生长，必须配合使用遮荫网、防虫网等辅助设施进行越夏茬黄瓜生产。寿光市这一茬多进行无刺微型黄瓜生产。

(二)育 苗

1. 选用优良品种 选择耐热、抗病、丰产及商品性状较好的品种。

2. 播种期的确定 越夏茬黄瓜多是为充分利用5～10月份日光温室闲置期而进行生产的，一般要求在6月前后开始采收，持续采收至9月中下旬。要求正常的播期应在4月上旬。

3. 冷床育苗 在日光温室内采取冷床法育苗。越夏茬黄瓜育苗时采用一次播种育成苗的方式，即将出芽的种子播入营养钵或营养穴盘中，不再分苗。苗床要选择日光温室采光条件较好的部位，一般种植667平方米地需育苗地20～25平方米。越夏茬黄瓜育苗应把培育壮苗、防止徒长作为管理重点。在黄瓜具3片真叶时，可喷施1次100～200毫克/千克乙烯利，以增加雌花数量。

(三)定　植

1. 定植前的处理　前茬作物收后，棚膜不要撤掉，继续覆盖，留作夏季黄瓜种植用。在作夏季黄瓜栽培时，应将后顶风口全打开，温室前裙膜掀起1～1.5米，最大限度地通风、对流、降温。温室顶部在晴天时加盖孔隙度大的遮阳网，所有风口及进出口处在定植前3天用30目左右的防虫网封好。并在封网后关闭所有风口及进出口，于夜间每667平方米用200克硫磺加75克敌敌畏进行熏蒸12小时。之后，打开所有风口及进出口通风，2～3天后进行定植。

2. 施肥　每667平方米施优质猪圈肥5000千克以上(用腐熟的鸡粪更好)，高效复合肥50～100千克，磷、钾肥50～100千克，有条件的增施豆饼肥或酵素菌肥。

3. 起垄栽培　夏季黄瓜一定要起垄栽培，栽植密度为每667平方米3500株左右。

(四)定植后的管理

1. 环境调控　一是温度的调控。5月上旬揭除日光温室前裙膜，同时除去天窗通风膜，换上防虫网，保持日光温室昼夜通风，使黄瓜结果多且品质好。二是光照的调控。6～8月份日光温室膜上覆盖遮阳网，以达到遮荫的目的。最好利用遮阳率为60%的遮阳网。在晴天的上午9时至下午4时的高温时段，将日光温室用遮阳网遮盖防止强光直射，在阴雨天或晴天上午9时以前和下午

4时以后光线弱时，将遮阳网卷起来，这样既可防止强光高温又可让黄瓜见到充足的阳光。

2. 肥水管理

(1)水分管理 黄瓜根系发达，喜潮湿，需水量大，特别在盛瓜期高温伏旱时期，土壤水分以控制在90%左右为宜。此时若出现旱情，须及时灌水。另外，水分供应必须均匀一致，否则瓜条粗细不匀。如遇干旱，虽然不至于植株死亡，但是植株结瓜少、化瓜多，且畸形瓜多。在炎热干旱的季节尤其如此。炎夏浇水应在早上或晚上，忌中午进行。尤忌忽干忽湿，致使果实畸形、纤维增加、品质老化。因此，栽培黄瓜需要及时供应水分，不能使土壤干旱。

(2)追肥 越夏茬黄瓜容易徒长，因此应在生长前期避免偏施氮肥，开花结果期应加强追肥。第一次施肥在黄瓜的第一雌花出现后进行，一般每667平方米可施20千克复合肥或400～500千克腐熟农家肥。到黄瓜开花结果后再重施肥1次，一般每667平方米施复合肥30千克。追肥在采收期后进行，一般每采收2～3次追肥1次，每次每667平方米施复合肥25～40千克。为延长盛瓜期、提高产量，每667平方米可用丰收一号(主要成分为有机质≥20克/毫升，甲壳素≥5%)800～1000倍进行叶面喷施，每隔3～5天喷1次。也可叶面喷施多元复合有机肥(稀释500倍)，喷叶3次。

3. 植株调整 越夏茬黄瓜因温室内气温高，常高达35℃以上；地表温度更高，常达40℃左右，远远超过了黄瓜正常生长所需要的适宜温度(22℃～28℃)，不利于黄瓜正常生长发育。此时如果覆盖地膜，地表热量挥发不出去，根基周围容易形成高温的环境，常常会灼伤根系，不利于形成壮棵。

但是在不覆盖地膜的情况下，黄瓜生长中后期落蔓时，蔓与地面接触会引起病害发生甚至导致烂蔓死棵，影响越夏黄瓜的产量。为解决这一矛盾，可采用“诳蔓”法管理。

诳蔓即折叠式落蔓，就是黄瓜龙头反复南北牵引，使黄瓜茎蔓保留在半空中，不与地面接触，从而实现矮化植株、延长结果期且不发生烂蔓死棵的一种落蔓方法。

诳蔓简便易行，可操作性很强，并且可保持植株垂直高度一致，便于田间管理。该方法除了避免茎蔓与地面接触而减少烂蔓发生外，还具有抑制茎蔓徒长、协调植株平衡生长的作用。诳蔓与传统的落蔓相比较，还有利于黄瓜瓜条的生长，使瓜条直、瓜色绿、商品性强。

当黄瓜长至7～8片叶、植株高度达到50～60厘米高时进行吊蔓。在吊蔓前，除将与黄瓜植株对应的吊绳系在钢丝上并进行吊蔓外，还要在每行黄瓜南北两端各多系一根吊绳以备诳蔓使用。吊蔓时还应将黄瓜子叶及下部1～2片病叶、黄叶清出棚外，以减轻病害的发生。

当植株长至170～180厘米高时，开始诳蔓：将定植行最北端的黄瓜龙头牵引绑到事先预留的北端的吊绳上，北端第二棵黄瓜龙头牵引绑到与第一棵黄瓜对应的吊绳上，向南依次类推，使植株垂直高度保持在130～140厘米。当植株垂直高度再次长至170～180厘米时，再将定植行最南端的黄瓜龙头牵引绑到事先预留的南端的吊绳上，从南端数第二棵黄瓜龙头牵引绑到与第一棵黄瓜对应的吊绳上，向北依次类推……

每次诳蔓时应结合落蔓进行摘叶，以减少病菌侵染，增强温室的通透性。但摘叶不可过狠，以免造成光合产物供应不足影响黄瓜的产量和质量。在黄瓜正常结瓜的期间，摘叶的原则是保证每棵植株至少保留15片功能叶。

（五）采　收

夏季气温高，植株生长快，果实发育快，一般播种后50～60天就可采收。采收时宜早收勤收，以免坠秧。一般多以隔天采收为宜，盛瓜期可每天采收，以确保瓜条鲜嫩和瓜秧旺盛生长。

三、秋冬茬

（一）生育期间的环境特点及主攻方向

日光温室黄瓜秋冬茬栽培，是日光温室越夏茬和日光温室黄瓜冬春茬生产的茬口安排，是北方黄瓜周年供应的重要环节。这茬黄瓜所经历的环境条件与冬春茬黄瓜所经历的环境条件恰恰相反，幼苗时期是高温季节，生长中后期转入低温期，光照也逐渐变弱。所以，在栽培技术上与冬春茬大不相同。

（二）育　苗

1. 品种选择　日光温室秋冬茬黄瓜由于栽培季节的特点，必须选择既耐热又抗寒，长势强、抗病力强、产量高、品质好的品种。

2. 播种期确定　日光温室秋冬茬黄瓜播期的确定，应以经济效益和社会效益高度统一为前提，以深秋及初冬淡季供应市场为主攻目标，衔接日光温室冬春茬、早春茬和越夏茬黄瓜。根据当地市场需要或销售市场的特点，避开越夏茬黄瓜产量高峰，于8月上中旬至9月上中旬播种。在此期间，早播产量较高，晚播产量较低但价格较高。

3. 防雨棚穴盘护根育苗或直播　秋冬茬黄瓜育苗处在高温季节，所以不宜在露地育苗。日光温室春季覆盖的聚氯乙烯薄膜，经过夏季膜面已经污染、透光率下降，揭开前裙膜，顶部开通风口，形成凉棚，可避免高温强光，对幼苗生长有利。如果日光温室未覆盖薄膜时，可在露地扣小拱棚做育苗畦。小拱棚宽2米以上、高度超过1米，用旧薄膜覆盖，四周卷起，形成凉棚。

秋冬茬黄瓜可采用催芽直播的方法。直播虽省工，但苗子分散、管理不便，而且秋季多阴雨、易患病，因此目前仍以育苗为主。播种前种子用清水浸透后，再放入10%磷酸钠溶液中浸种20分钟，用清水洗净后播种。秋冬茬黄瓜花芽分化期基本上处于高夜温(15℃)、长日照(12小时以上)的条件下，因此雌花出现晚，节位较高。为改变这种情况，一般可在两叶期采用100～200毫克/千克乙烯利溶液喷洒1次，但切不可使浓度过大。育苗期间温度高、蒸发量大，应及时补充水分，待苗长至3叶1心时及时定植。

(三)定　植

秋冬茬黄瓜进入冬季后，温光条件逐渐变差，若种植过密、相互遮挡，植株易早衰，影响产量。因此，定植密度不可过大，一般采取双行稀植，宽行80厘米，窄行50厘米，每667平方米保苗3500株左右。

(四)定植后的管理

1. 环境调控　秋冬茬黄瓜的管理，应着重利用前期适宜的光、温条件养好秧，后期才能高产。定植缓苗后已进入10月初，气温开始下降。10月上中旬开始扣膜。扣膜后棚温高、湿度大，可引起瓜秧旺长或病害发生，因此要注意大通风。一般晴天时保持白天25℃～30℃、夜间13℃～15℃，阴天时保持白天20℃～22℃、夜间10℃～13℃，昼夜最少要保持10℃以上的温差。随着气温的下降，要逐渐减少通风量。12月下旬夜间开始出现霜冻，要逐渐加盖草苫。植株在进入盛瓜期前，一定要控制好夜温，防止旺季化瓜。立冬后，气温下降快，日照变短，应尽量延长见光时间，早揭苫、晚盖苫。12月至翌年1月，是一年中最冷的季节，应注意保温。晴天白天从上午10时至下午2时，室温均应在25℃以上，甚至可达32℃；夜间最低气温控制在8℃～10℃，同时应注意防止徒长。

2. 肥水管理　秋冬茬黄瓜前期气温高，日照长，肥水应跟上，以促进长秧。定植后9～10天再浇1次缓苗水。根瓜坐稳后，进行第一次追肥，每667平方米追施尿素15千克；以后每隔5天灌1次小水，10天追1次化肥。11月下旬后，要节制肥水，否则因地温低、根系吸收力弱。若连续阴天，易发生沤根。此时应叶面喷施0.2%磷酸二氢钾溶液，以达到补肥的目的。

3. 植株调整　黄瓜长至6～7片叶时，应及时吊蔓。基部出现侧枝应及时去掉，以免影响主蔓结瓜。中部出现的侧枝要在坐瓜前留2叶摘心，以利于坐瓜。对下部开始失去功能的老叶、病叶要及时打掉，把蔓下降，以利于改善室内光照条件。当主蔓长到架顶时要打顶，以促进多结回头瓜。

(五)采　收

采摘黄瓜一般在浇水后的上午进行。采收黄瓜不单纯是收获成瓜，同时要做到"三看"：一看植株生长状况。根瓜应适当早采，若植株弱小，可将根瓜在幼小时就疏掉。采腰瓜和顶瓜时，植株已长大，叶片已多，当瓜条长足时再采。一条瓜要不要摘，首先看采瓜后对瓜秧的影响。如果这条瓜的上部没有坐住的瓜，瓜秧长势又很旺盛，采后就可能出现瓜秧徒长，那么这条瓜就应推迟几天采收。如果瓜秧长势弱，这棵秧上稍大些的瓜可提前采收，通过采瓜来调整植株的生长，使营养生长和生殖生长同时进行。二看市场行情。秋冬茬黄瓜一般天越冷价格越高。为了促秧生长，待黄瓜价格高时提高产量，前期瓜多时可人为地疏去一部分小瓜。11月份天气好，可适当多采瓜；12月份后光照少、气温低、生长慢，摘瓜宜轻，尽量保持一部分生长正常瓜条延后采收。三看采瓜后是否要贮藏。这茬瓜在采收的前期，露地秋延后和日光温室秋延后黄瓜还有一定的上市量，如果同时上市，势必影响价格、减少收入。为了不与其争夺市场、赶上好行情、可将采下的瓜短期贮藏。如果要贮藏的瓜在商品成熟范围内，应当在黄瓜的初熟期和适熟期采收；不要在过熟期采收，否则，在贮藏过程中，黄瓜易出现失水黄衰。如果瓜采下后不贮藏，直接到市场上出售时，可在适熟期和过熟期采收，让瓜条长足个头，以增加黄瓜重量。

四、冬春茬

(一)生育期间的环境特点及主攻方向

冬春茬黄瓜生产主要是在一年之中日照最差、温度最低的季节里进行的，技术难度较大，要求比较严格，但它是经济效益和社会效益最好的一茬。

冬春茬黄瓜育苗期温度和光照比较适宜，容易成功。定植后气温开始下降，光照逐渐减弱，对植株生长十分不利。首先，日光温室结构必须合理，保温效果好，还要严格地按科学的管理措施管理，才能在不良的环境下维持黄瓜的缓慢生长。

黄瓜适应温暖、湿润的环境条件，冬春茬黄瓜生产必须采用合理的日光温室设施。根据冬春季节的气候特点，日光温室必须有最好的采光屋面角度和最好的保温性能。无论采用何种结构形式的日光温室，在严冬季节所创造的温度条件，必须满足黄瓜生长最基本的需要。依据黄瓜的生物学零度的概念和黄瓜根系所能耐受的最低下限温度，在正常的管理下，日光温室的最低温度不宜低于8℃。山东省寿光市多采用保温性极好的半地下室日光温室，这种设施的采光屋面角度为25°～32°，后墙和山墙的厚度为2米以上，覆盖无滴性好、透光率高、耐低温性能强的优质薄膜，具有良好的保温、贮热功能。

(二)育　苗

1. 选择品种　冬春茬黄瓜目前栽培都采用嫁接苗,其中接穗的品种要求严格,在低温和弱光下须能正常结瓜;同时还要耐高温和耐高湿,在高温和高湿条件下结瓜能力强,结回头瓜多。此外,还要求抗病性好,对日光温室环境的适应能力强,对管理条件要求不严,遭意外伤害后恢复能力要好。目前生产上应用的绝大部分品种还只限于密刺系列,包括原有的长春密刺、新泰密刺,以及津春3号、津优3号、津绿3号、中农5号等。

2. 确定播种期　冬春茬黄瓜一般苗龄为35天左右,定植后约35天开始采收,从播种至采收需70天左右。冬春茬黄瓜一般要求在元旦前后开始采收,以便到春节前后进入产量的高峰期。由此推算,正常的播期应在10月上旬至中旬。此期播种,可以保证在大多数地区的温度条件下,有利于嫁接伤口愈合和在严冬到来以前搭好丰产架子。目前,一些保温性能差的日光温室,迫于严冬时产量没有把握,往往通过提早播种来获取冬前产量,也有的为了在冬春茬黄瓜春天产量高峰过后能套种一茬春提早的蔬菜,往往也把播期有意向前提,这是目前该茬黄瓜在播期上的一个新的趋向。

3. 嫁接育苗　在日光温室里通过嫁接育苗方式培养出高10～15厘米、粗0.6～0.7厘米、具4叶1心,苗龄为35～40天的健壮幼苗。

(三)定　植

1. 施肥整地　用于冬春茬黄瓜栽培的日光温室,需要的日平均气温达到16℃前后及时扣膜,以避免地温散失过多。育苗是在日光温室里进行的,施肥整地可在扣膜前进行,多数是在扣膜后进行,可根据劳力、农活和肥料的准备情况灵活掌握。

冬春茬黄瓜一是施足基肥，既要能满足黄瓜长期结瓜对养分的需要，但又不能过量而产生肥害。二是要有利于提高土壤的通透性和贮热保温能力，能够大量连续地分解产生二氧化碳。因此，基肥应以腐熟的秸秆堆肥、牛马粪、鸡禽粪、猪圈粪和粪稀为主（粪稀宜在扣膜前灌施），施入纯净的圈肥和粪稀时也须适量掺入铡短的鲜稻草、充分腐熟的麦糠、稻壳及废弃食用菌培养基等。农家肥每667平方米用量应不少于10000千克。要通过增施有机肥，使20～30厘米的表土成为富含有机质的海绵土，这是保证这茬黄瓜栽培成功，获得高产、少病和高效益的关键。每667平方米化肥用量是过磷酸钙100千克或磷酸二铵30～50千克。

基肥多时宜普施，基肥较少时可用其中的2/3作普施，另1/3作沟施。地面铺施后人工深翻2遍，再按计划的行距开沟，将剩余肥料施入沟里，最好再施入生物肥（如酵素菌肥）40～50千克或饼肥200千克，与土充分混匀。然后在沟里浇大水、造足底墒。冬春茬黄瓜栽培一般采取大小垄，目前主要有两种配置方法：一是大行距80厘米，小行距50厘米，平均行距65厘米，称之为密植栽培。再一种就是小行距80厘米，大行距100厘米，称为“稀植”栽培。

2. 栽苗 栽苗宜选晴天进行。将苗子分大、中、小3级，搬运到定植垄旁。从整个日光温室来看，大苗应放到东西两头和日光温室前部，小苗宜放到日光温室中间。从一行来看，大苗在前、小苗在后，一般苗居中，这样有利于以后生长整齐一致。

一般密植栽培的，平均株距为23厘米左右；“稀植”栽培的，平均株距约30厘米。摆苗和栽苗时要掌握前密植后稀植，因为日光温室里光照是前强后弱，这样可以使不同部位的幼苗获得基本一致的光照。定植时，有的是按株距开穴，穴内栽苗；有的是在定植垄上开一道深沟，将幼苗按规定的株距摆到沟里稍加固定。而后在穴内或沟里浇水，水渗后平坑（沟）培土、围苗，整平垄。注意苗子一定不要栽深了，填土后苗坨与垄面持平即可，更不能把嫁接口埋到土里。

3. 覆盖地膜　过去人们习惯先覆膜后栽黄瓜，或栽后随即覆盖地膜，这样做实际上是把嫁接苗黄瓜根系能够深扎的这一优势人为地给削弱了，降低了植株抗寒、耐低温的能力，背离了嫁接育苗的意义。其实，定植时多数地方的地温一般都不低，覆盖地膜的目的在于提高地温，定植后应该是在反复锄划的基础上，尽量促进根系深扎，等栽后 15 天左右再覆盖地膜。

地膜用钢丝起拱为好。首先，在温室前缘处横向固定一根钢丝，长度根据温室长度来决定，钢丝两头用木桩固定好。然后再在种植行北面固定一根钢丝，与前缘处的钢丝等长。这样种植行前端和后端就各有一根钢丝，然后再在每个种植行中间纵向拉一根钢丝，与种植行等长，两端固定在前后两根钢丝上。这样，覆盖上地膜后地膜就不会再贴在地面上，而是会出现高 30 厘米左右的空间，让地膜充分发挥其保温、保湿的作用。

(四)定植后的管理

1. 环境调控

(1)温度管理　冬春茬黄瓜生育期的温度管理，大体分为如下 3 个阶段。

①越冬前—定植到根瓜膨大期　这一时期大多数地区的天气较好，管理上应以促秧、促根和控制雌花节位为主，抢时间搭好丰产架子，培养出适应低温短日照条件的健壮植株，为安全越冬和年后高产打下基础。

冬春茬属于长期栽培，一般要求黄瓜能提早出现雌花，以便有利于调整结瓜和长秧的关系，在温度管理上要依苗分段进行：第一片真叶以前采用稍高的温度进行管理，一般晴天上午保持 25℃～32℃，夜间保持 16℃～18℃。从第二片叶展开起，采用低夜温管理(清晨 10℃～15℃)，以促进雌花的分化。5～6 片叶以后，栽培环境有利于雌花的分化，则会使品种的雌花着生能力得到充分的表现。此期的温度应适当高些，晴天白天上午保持25℃～32℃，下午保持23℃～30℃，夜间保持18℃～14℃。

②越冬期—结瓜前期　冬春茬黄瓜开始结瓜后，大多数地区已进入严冬时节，光照越来越显不足，此时管理温度必须在前一阶段的基础上逐渐降下来。逐渐达到晴天上午23℃～26℃，不使其超过28℃；午后为22℃～20℃、前半夜为18℃～16℃，不使超过20℃；清晨揭苫时为12℃～10℃。此时的温度，特别是夜温一定不能过高。黄瓜瓜条是植株光合产物的最大分配中心，如果植株上没有瓜，初级光合产物分配不出去，就要以淀粉和碳水化合物的形式残留在叶片里，这些残留物通过生物化学反应或对叶绿素的生理危害不仅会降低光合速率，还会引起叶片僵硬而提前老化和诱发霜霉病。遇有此种情况，即使再浇水追肥也很难恢复。解决的办法有两个：一是打掉下部老叶，降低光合物质的生产量；二是提高夜温，尽量不使夜温过低。提高夜温可以促进茎叶生长，使初级光合产物转化为植物结构物质，增加夜间呼吸消耗，使光合产物不至于过多地在叶片中残留积累。

③越冬后—春季盛瓜期　入春后，日照时间逐日增长，日照强度逐日加大，温度逐日提高，黄瓜逐渐转入产量高峰期。此期温度管理指标要随之提高，逐渐达到理论上适宜的温度，即晴天时白天为25℃～28℃，不超过32℃；夜温为18℃～14℃，不超过20℃。在这种温度管理下的植株一般比较健壮，营养生长和生殖生长也比较协调，有利于延长结瓜期和获得较高的总产量。进入3～4月份，为了抢行情及早达到产量目标，也有采用高温管理的。高温管理时，晴天的白天上午温度掌握在30℃～38℃、夜温在21℃～18℃。高温管理须有4个基本条件：一是品种必须对路，例如密刺系统的黄瓜一般可实行这种管理；二是瓜秧必须是壮而偏旺的，瘦弱的植株往往不适应这种高温条件；三是必须有大量施用有机肥

的基础，能够大量施用速效氮肥；四是必须有良好的灌水条件。

（2）通风管理　定植后的一段时间里要封闭日光温室，保证湿度，提高温度，促进缓苗；缓苗后要根据调整温度和交换气体的需要进行通风。但随着天气变冷，通风要逐渐减少。冬季为排除室内湿气、有害气体和调整温度时，也需要通风。但冬季外温低，冷风直吹到植株上或通风量过大时，均容易使黄瓜受到冷害甚至冻害。所以，冬季通风一般只开启上通风口，通风中要经常检查室温变化，防止温度下降过低。春季天气逐渐变暖，温度越来越高，室内有害气体的积累会越来越多，调整温度和交换空气要求逐渐地加大通风量。春季的通风一定要与防治黄瓜霜霉病结合起来。首先，只能从日光温室的高处（原则不低于1.7米）开口通风，不能通底风，棚膜破损时要随时修补，下雨时立即封闭通风口，以防止霜霉孢子进入室内。另外，超过32℃的高气温具有抑制霜霉病孢子萌发的作用，这是在通风时需要考虑到的问题。当外界夜温稳定在14℃～16℃时，可以彻夜进行通风，但要防止雨水进入温室内。日光温室的黄瓜一直是在覆盖下生长的，一旦揭去塑料棚膜，生产即告结束。

不论在哪段时期，都要做到科学通风以调控日光温室温、湿度。一是注意做好晴天的通风：主要控制温度。温度在16℃时，空气相对湿度为100％；18℃时为85％，随着温度的升高，湿度要降低。白天，上午温度达到30℃时，开始通风。下午温度降至20℃左右时，通小风。温度降为13℃时，关闭通风口。一般的规律是：阳光充足时，日光温室内每小时可升温7℃～10℃；傍晚至上半夜是黄瓜养分转化和运输的主要时期，此时温度以18℃～20℃最为适宜；下半夜植物呼吸作用加强，养分消耗较多，温度应控制在13℃～15℃，以减少呼吸作用。二是注意做好阴天的通风：主要是在保温的情况下控制湿度。早晨通风半小时，中午较热时通风1～2小时，傍晚通风半小时左右，之后盖草苫。

2. 肥水管理

(1)水分管理　在浇好定植缓苗水的基础上，当植株长有4片真叶、根系将要转入迅速伸展时，应顺沟浇1次大水，以引导根系继续扩展。随后就转入适当控水阶段，直到根系膨大一般不浇水，主要是加强保墒、提高地温，促进根系深入发展。如果此时浇水过于频繁，南瓜根就会浮在近地表层，对以后的抗寒不利。结瓜以后，严冬时节即将到来，植株生长和结瓜虽然还在进行，但用水量要相对减少，浇水不当容易降低地温和诱发病害。天气正常时，一般7天左右浇1次水，以后天气越来越冷，浇水的间隔时间可逐渐延长至10～12天。浇水一定要在晴天的上午进行，这样一是水温和地温更接近，根受刺激小；二是有时间通过通风排湿，在中午强光下使地温得到恢复。

浇水间隔时间和浇水量的具体调控，要根据黄瓜植株的长相、果实膨大增重和某些器官的表现来权衡判断。瓜秧深绿，叶片有光泽，龙头舒展是肥水合适的表现；卷须呈弧状下垂，叶柄和主茎之间的夹角大于45°，中午叶片有下垂现象，是水分不足的表现，应选晴天及时浇水。

春季黄瓜进入旺盛结瓜期，需水量明显增加。此时灌水就不能只限于膜下的沟内灌，而是逐条沟都要浇水。浇水的间隔时间要随管理的温度不同而定。常规温度(白天25℃～28℃，不超过32℃，夜间18℃～14℃)下一般4～5天浇1次水；管理温度偏高的，根据情况可以2～3天浇1次水。嫁接苗根系扎得深，不能像黄瓜自根苗那样轻轻浇过的办法，需要在间隔一定时间适当地加大一次浇水量，把水浇透，以保证深层根系的水分供应。

空气相对湿度的调节原则是：从嫁接至缓苗期宜高些，空气相对湿度以达到90%左右为好。结瓜前适当高些，一般掌握在80%左右，以保证茎叶的正常生长，尽快地搭起丰产的架子。深冬季节的空气相对湿度控制在70%左右，以适应低温寡照的条件和防止低温高湿下多种病害的发生。入春转暖以后，湿度要逐渐提高，盛瓜期要达到90%左右，此时原来覆盖在地面的地膜要逐渐撤掉，而且大小行间都要浇明水。须知，高温时必须高湿相配合，否则高温致害，不利于黄瓜的正常长秧和结瓜。

(2)追肥　冬春茬黄瓜结瓜期长达4～5个月，需肥总量要多，但每次的追肥量又不宜过大，这时因为南瓜根比黄瓜根吸肥能力强、吸肥范围广，故需增加肥量。但一次施肥多了容易引起茎叶徒长。在冬季的一大段时间里，黄瓜的生长量不大，又不能多浇水。如追肥量过大极易引起土壤肥液浓度过大，形成浓度障碍。冬春茬黄瓜的追肥按下面的规律进行：摘第一次瓜后追1次肥，每667平方米用硫酸铵20～30千克；低温期一般15天左右追一次肥，每次每667平方米追硫酸铵10～15千克加腐殖酸5～10千克；严冬时节要特别注意搞好叶面追肥，但叶面喷肥绝对不可过于频繁，否则会造成药害和肥害；春季进入结瓜旺盛期后，追肥间隔时间要逐渐缩短，追肥量要逐渐增大，每667平方米每次施尿素15～20千克；结瓜高峰期过后，植株开始衰老，追肥和浇水也要随之减少，以促使茎叶养分向根部回流，使根系得到一定恢复，以延长结瓜期。

3. 植株调整

(1)吊蔓　栽培冬春茬黄瓜时，为了促进发育，保持根系旺盛的生命力，多是采取不打顶任其自然生长的方法。冬春茬黄瓜一般要长至40～50节，日光温室高度有限，生长一段时间就要把瓜蔓沉落下来。为了落蔓方便，一般都采用尼龙线披、布条吊挂，或用尼龙网支架，这样可大大减少架材的遮荫。吊挂尼龙线披或尼龙网时，要尽量使其不和日光温室拱架直接连接，最好独立支架。吊挂用的尼龙线披应在上部多留出一部分，以便落蔓时续用。

(2)整枝　及时搭架、绑蔓、掐尖、打杈、摘除黄叶和老病叶是不可缺少的经常性工作。绑蔓时要注意抑强扶弱。对易生侧枝的品种，在根瓜收后，可适当留些侧枝，其上留一瓜即摘心。对主蔓要及时摘心，防止瓜秧占满温室空间而影响通风透光，同时又可控制新生叶过多消耗养分，进而促使回头瓜和杈子瓜的形成。一般以25片叶时摘心为宜。

(3)落蔓　黄瓜生长中后期受病虫、衰老等多种因素影响，植株下部叶片黄化，失去光合能力，出现无瓜区。为使植株能继续生长结瓜，采取落蔓技术是行之有效的方法，即将植株整体下落，让植株上部有一个伸展空间继续生长结瓜。其具体做法是：将下部无瓜光秃秧盘压在根周围。落蔓时，使植株保持12～15片功能叶片，同时使蔓顶距棚膜保持40厘米左右，并且落蔓后要把蔓的生长点均匀地分布在一个南高北低的倾斜面上，以利于采光。该方法能有效地延长黄瓜生育期，使黄瓜的总产量可提高30%以上(图4-1)。

(五)采　收

嫁接黄瓜育苗时温度不高，日照较短，本来就有利于雌花的分化，更由于嫁接进行切口，使营养生长一时受到抑制，生殖生长得以发展，往往雌花发生得早而且多，影响瓜秧生长。如果定植后再遇上低温度连阴天，这一情况可能就更加严重。遇到这一情况，要下狠心及早采摘下部的瓜，必要时还要把一部分或大部分(有时是全部)的瓜纽疏掉，以保证瓜秧正常生长，为以后提高产量打好基础，结瓜初期要适当早摘、勤摘，严防瓜坠秧。低温寡照到来以后，植株制造的养分有限，瓜坠秧的现象更容易出现，也必须强调早摘勤摘。接近春节时采摘的瓜，可以采用秋冬茬黄瓜栽培中介绍的保鲜办法进行贮藏，以便于春节集中供应。春暖以后，更要勤摘早摘，充分发挥优良品种的增产潜力。

(六)黄瓜温度、光照管理中存在的误区

在黄瓜种植区，由于种植水平和习惯的影响，也由于受部分农

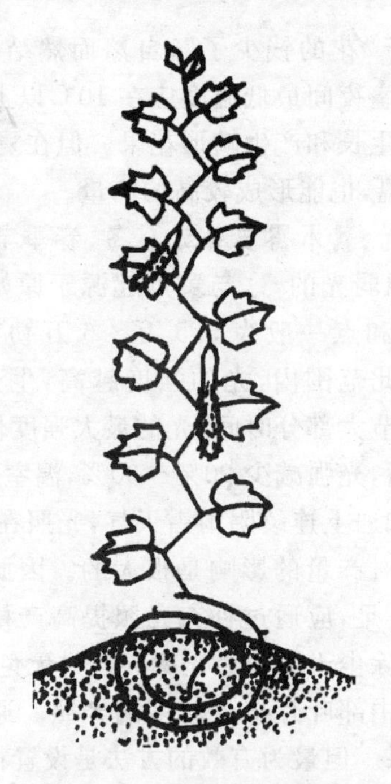

图 4-1　黄瓜落蔓示意

技人员的错误理解的影响，使菜农对黄瓜生长过程中的温度、光照管理存在误解，久而久之形成以下 3 个误区。

1. 黄瓜需要的温度越高越好　冬春季节由于气候的原因，自然光照和大气温度都是较低的，要想人为地提高光照强度和温室温度，是一件困难的事情。一般来说，黄瓜较为适宜的夜温在 15℃～18℃，白天在 32℃左右。但黄瓜在更高温度下仍然可以正常生长。当光照充足、气温达到 39℃时，光合作用才能达到顶峰；51℃时，光合作用才会停止。在 38℃～40℃范围内，虽然光合作用强大，呼吸作用同样强烈。实际光合产物的积累在 26℃～30℃为宜，在此温度范围内，温室栽培的黄瓜所需温度越高越好。较低的夜温有助于减少呼吸消耗。黄瓜的膨瓜主要以夜间为主，减少呼吸消耗就相当于“花的钱少了”，自然而然结的瓜多，产量就高了。一般来讲，温室夜间最低温度应在10℃以上，低于8℃应适度加温，确保不抑制生长和产生畸形花果。但在夏季露地种植时，即使达到39℃的高温，也能形成较高的产量。

2. 只要耐弱光，就不需要补光 冬、春季节温室栽培的密刺黄瓜应该是耐低温弱光的，这与黄瓜起源于原始森林有关。试验证明：黄瓜的光饱和点一般为5.5万～6万勒克斯，光补偿点为2000勒克斯。在此范围内，光的强度越高，生长越健壮，产量越高。但在冬、春季节大部分时间，光的最大强度仅为5万勒克斯左右。通过棚膜以后，光强减少20%～30%，温室内光照一般只有3万勒克斯以下。如遇上连续阴雨雪天气，光照在补偿点以下，黄瓜处于“饥饿”状态，对产量的影响是很大的。因此，冬、春季节温室黄瓜的光照严重不足，应通过补充光照提高产量。一般的做法是经常擦拭薄膜，去除尘土增加透光率。通过无色地膜覆盖，增强地面阳光反射，使下中部叶片接受较多的光照。通过设置后墙反光幕也有一定的效果。但最为有效的方法是设置植物钠灯等补光专用灯，一般功率在300瓦以上，每8～10米设置1盏。功率小的白炽灯作用不明显。

3. 只要有较高的气温，地温就无所谓 黄瓜对地温的要求要高于气温。1℃地温要相当于2℃气温的效果。有利于黄瓜根系生长的最低地温是12℃～15℃，但地温高于8℃时主根还是能伸长的。低于8℃时，主根和根毛都受到抑制，不再伸长。试验证明，如果将地温从18℃提高至24℃，黄瓜的早期产量和总产量分别提高45%和34%。但地温若超过32℃，总产量将会降低。使用南瓜砧嫁接时，黄瓜的抗逆性显著提高。地温降至12℃时，根系仍能正常生长发育。因此，地温对黄瓜的作用远远大于气温。提高冬季温室地温的方法很多：采用寿光半地下型日光温室的建造方法，有利于加大热容量，提高地温；增施作物秸秆和牛、马粪等，是一种利用酿热物提高地温的方法，效果较好；通过全地膜覆盖和设防寒沟，也能有效提高地温。在深冬季节，减少化肥施用量，尽量多施有机肥和生物菌肥，即增施热性肥料，对提高地温是有益的。总之，要想深冬季节提高黄瓜产量，如何提高地温是十分重要的。

第五章　日光温室黄瓜土壤障碍控防技术

一、土壤板结

（一）土壤板结的表现

日光温室土壤表层形成片块状，土壤黏重、透气性差、渗水慢等，说明土壤团粒结构遭到严重破坏。这种情况多出现在种植多年的或者使用推土机新建造的黄瓜日光温室内，这是土壤板结严重的表现。

（二）土壤板结的原因分析

1. 不合理地使用化肥造成　长期单一地施用化肥，腐殖质不能得到及时地补充，同样也会引起土壤板结，还可能龟裂。向土壤中过量施入氮肥后，微生物的氮素供应增加1份相应消耗的碳素就增加25份，所消耗的碳素来源于土壤有机质。有机质含量低，影响微生物的活性，从而影响土壤团粒结构的形成，导致土壤板结。向土壤中过量施入磷肥时，磷肥中的磷酸根离子与土壤中钙、镁等阳离子结合形成难溶性磷酸盐，既浪费磷肥，又破坏了土壤团粒结构，致使土壤板结；向土壤中过量施入钾肥时，钾肥中的钾离子置换性特别强，能将形成土壤团粒结构的多价阳离子置换出来，而一价的钾离子不具有键桥作用，土壤团粒结构的键桥被破坏了，导致土壤板结。

2. 使用推土机筑墙体　新建日光温室时，推土机把熟土层（即耕层）推到墙体上，而留下的耕作土壤为原来的生土层，土壤中有机质含量较低，土壤多为柱状或块状结构，而团粒结构含量很少，土壤非常黏重，通气、透水性极差，不利于黄瓜根系的生长发育；土壤缓冲能力弱，已造成盐分积累，发生次生盐渍化。

3. 优质有机肥投入量少 由于土壤中缺乏有机肥，改良土壤、培肥地力的土壤有机质含量不高，更新缓慢，造成土壤板结。

4. 大水漫灌或沟灌 多次大水漫灌和沟灌，破坏了灌溉行土壤团粒结构，土壤板结，通气、透水性能变坏。

此外，黄瓜定植后，在栽培管理期间，如整枝、打杈、喷药、施肥、采收等，操作行土壤被踩压、踏实，也是造成土壤板结的重要原因之一。

（三）土壤板结的改良途径

1. 增施有机肥料 有机肥料的使用应当切实注意有机质的含量，因为只有施用高有机质含量的有机肥料，才具有培肥地力、改良土壤的效果，而含氮量高的有机肥料改良土壤效果不十分明显。例如，鸡粪含氮量较高，在土壤中分解较快，培肥地力、改良土壤的效果较差。

2. 实行秸秆还田 秸秆包括麦穰、麦糠、粉碎的玉米秸等都是目前较好的有机肥资源，其有机质含量高，改土效果非常明显。一般在作物定植前20～30天，每667平方米使用1000千克左右的秸秆，灌足水，盖上地膜，盖严日光温室薄膜闷棚，既具有改良土壤的良好效果，又能有效地消除日光温室土壤的次生盐渍化，并且投资少、见效快。

3. 增施微生物肥料 土壤中施入微生物肥料，微生物的分泌物能溶解土壤中的磷酸盐，将磷素释放出来。同时，也将钾及微量元素阳离子释放出来，以键桥形式恢复团粒结构，消除土壤板结。

4. 积极推广使用高效土壤改良剂松土精 该松土精是英国汽巴净化水处理有限公司采用国际尖端科学技术生产的高效土壤

改良剂，能有效地增加土壤团粒结构，消除土壤板结；使土壤渗水、保肥、保水能力大大增强；提高土壤的通气性，促进土壤有益微生物的生长发育，提高肥料利用率，减少土传病害的发生，使黄瓜根系粗大，增产效果明显，冬春低温季节表现尤为突出。据测定，每667 平方米使用 500～1000 克松土精，改良效果明显。可作基施肥和冲施肥施用。

5. 适度深耕 科学适度的深耕应为 30 厘米左右，有利于保护土壤耕作层结构不被破坏和作物根系的良好生长。

二、土壤盐害

(一)土壤盐害的表现

土壤发生盐害，地表出现白色的结晶物，特别在土层干旱和日光温室休闲期易发生。个别盐害严重的地块出现青霉和红霉，为磷、钾过剩所滋生的微生物。盐害对黄瓜的影响可分为以下 4 个阶段。

第一阶段，土壤盐分浓度在 0.3%以下，该阶段黄瓜基本上没有盐害表现。

第二阶段，土壤盐分浓度达到 0.3%～0.5%，这时黄瓜也没有直接表现盐害症状，但已受到间接的生理病害，根系发育受到严重影响。在气温升高时，植株发生萎蔫，增加灌水量，萎蔫也不能消除，易引起其他病害，产量下降。土壤干燥时，表层出现坚硬的结皮层。

第三阶段，土壤盐分浓度升高至 0.5%～1%，这时黄瓜表现出生理病害症状。主要症状是：生长受到抑制，叶小并萎缩，叶色深绿，叶缘翻卷，生长点处嫩叶表现出叶缘黄化和卷缩，中部叶片边缘出现坏死斑。严重时连成片，呈现似镶金边的症状，根系发黄、不发新根。在土壤并不缺水的情况下，植株白天萎蔫，但到早晨又恢复生机，如此循环最终枯死，造成绝产。

第四阶段，土壤含盐量超过1%，黄瓜幼苗不能成活或成活的黄瓜苗生长缓慢，叶缘出现褐色枯斑，根系发黄、生长点受损。植株出现萎缩，并逐渐枯死。

(二)土壤盐害的原因分析

1. 盲目施肥形成土壤盐害　部分菜农对各类肥料在植株生长发育中所起的作用和所产生的影响了解不够全面，主要表现在以下3个方面：①偏施某一种肥料。在寿光市最普遍的是基肥大多以含养分较高但盐分也较多的鸡粪为主，这样便将较多的盐分带到土壤中，使土壤产生盐害。不少人误认为多施肥能高产出，不考虑作物需肥量及种类，盲目和大量地施肥，致使肥料利用率降低，且造成土壤中氮、磷、钾比例失调，引起土壤盐分偏高。②生施人、畜粪尿和施入带有大量副成分的化肥，造成土壤盐渍化。③盲目增施化肥。化肥施入土壤以后，一部分被作物吸收，一般利用率在20%左右；大部分随水流失或被土壤固定，这部分占总施肥量的80%左右。被土壤固定的盐和地下水上行导致返盐，造成了土壤的积盐现象。

2. 日光温室设施的特定环境容易形成盐害　日光温室是人为创造的有利于黄瓜反季节生产的小环境，一般盖膜时间较长，特别是日光温室黄瓜，1年内揭去顶膜时间仅在6～10月份，甚至常年不去顶膜，雨水冲刷时间较短，为盐分积累创造了条件。此外，日光温室内温度相对较高，土壤水分被植株吸收的数量和蒸发量较大，地下水中的盐分随水带到耕作层而聚集。

3. 土质黏重　土质黏重则保肥性强，养分流失少。特别是在日光温室内无雨水淋洗，肥料用量比露地栽培大，长期耕作后加重了土壤盐化。尤其是连作土壤年复一年，土壤障碍有增无减。

4. 不良的耕作措施 浅耕、面施肥料、表面灌溉等栽培措施也加剧了盐分向表土集中。如果日光温室土壤的地下水位高，排水不畅，也容易引起盐分在土表积聚。

(三)土壤盐害的改良措施

1. 地膜覆盖 日光温室黄瓜垄面覆盖地膜，除能保温、保水、保肥、驱蚜虫和降低株间湿度外，还有抑制土壤盐渍化的作用。据试验，对盖膜畦与不盖膜畦的对比测定结果，0～5 厘米土层的含盐量盖膜的为不盖膜的 60%。但是这种治盐方法只是暂时的治标措施，因为此法的作用仅局限在 0～5 厘米土层，对 5～25 厘米土层内总盐量并没有减少，揭膜后盐分仍会随土壤水分的运动而上升。。

2. 深耕灌水洗盐 日光温室黄瓜收获后，应利用休闲期深耕整平，做成大畦后放大水浇灌 1～2 次。如果能利用地下管道排水更好。

3. 种植吸盐作物 利用休闲阶段种植的苜蓿、绿豆、大豆或玉米，为不耽误下一茬黄瓜的种植，可作为牲畜的青饲料及时拔除。

4. 增施有机肥料 每 667 平方米可增施牛、马粪若干立方米。也可把作物秸秆铡碎撒施后深翻于土壤中，每 667 平方米以施用 1000 千克为宜。如果施用草炭或稻壳、麦壳 10 立方米以上，效果更好。也可配合基施优质猪粪或鸡粪 10 立方米以上。

5. 增酸压碱 如果土壤 pH 值超过 7.5 以上时，每 667 平方米土壤随水冲施醋酸溶液(食醋)10 千克左右，也可随水冲施磷酸铜 2～3 千克。

6. 科学合理地施用化肥和土壤结构改良剂 根据土壤养分分析及肥料试验结果，确定最适宜的施肥量和最协调的肥料养分配比。改变施肥方式，基肥要深施，追肥要限量。用化肥作基肥时，将化肥与有机肥混合撒入地面，然后进行深翻。追肥一般较难深施，应严格控制每次施肥量，宁可增加追肥次数，也不可 1 次施得过多。合理使用化肥，亦可降低土壤中的硝酸盐浓度。追肥可采用滴灌施肥技术。同时大力推广根外施肥。保护地内施用较好的肥料有腐殖酸类肥料，此类肥料能活化土壤、使土壤疏松，能够源源不断供给作物生长所需的各种营养元素，肥效期长。并含有刺激作物生长发育的生长素，可促进作物生长、提高抗逆性。作基肥、追肥均可。另外，可根外追施土壤磷素活化剂、EM 菌剂等，均属生物制剂，能提高肥料利用率，降低肥料投入，提高黄瓜的抗重茬、抗病虫害能力，增强植物代谢功能，在一定程度上能缓解连作障碍，减轻土壤酸化和盐渍化。

7. 合理灌溉　日光温室黄瓜尽量采用沟灌或滴灌，防止大水漫灌。沟灌能够保持土壤表层干爽，使耕层水气协调。滴灌更能保持耕作层土壤湿润，维护土壤团粒结构，减弱水分向上运动。而大水漫灌会破坏土壤良好结构，土壤理化性质变劣，导致黄瓜作物根系因呼吸作用受阻而生长缓慢。采用滴灌或微喷灌技术，改变传统灌溉技术。保护地不宜小水勤灌，应浇足灌透，将表土聚集的盐分下淋和降低土壤溶液浓度。可采用节水灌溉措施，如滴灌、微喷灌可降低温室内湿度，减轻黄瓜病害发生，有效地防止土壤板结，并以水调肥，较好地防止土壤盐害加剧和酸化。

8. 加深土壤耕作层　由于日光温室等保护地土壤的盐类积聚在土壤表层，所以在蔬菜收获后要进行深翻，把富含盐分的表土翻到下层，把相对含盐较少的下层土壤翻到上面，这样可大大减轻盐害。

以上改良盐渍化土壤的措施，要因地制宜地根据实际情况分别实施，也可综合运用。

三、土壤酸化

(一)土壤酸化的表现

一是酸性土壤滋生真菌,根际病害加重,且控制困难,尤其是黄瓜枯萎病、根腐病、拟茎点霉根腐病增多。

二是土壤结构被破坏,土壤板结,物理性变差,蔬菜抗逆能力下降,抵御旱涝自然灾害的能力减弱。

三是在酸性条件下,铝、锰的溶解度增大,有效性提高,对黄瓜产生毒害作用。

四是在酸性条件下,土壤中的氢离子增多,对黄瓜吸收其他阳离子产生拮抗作用。

(二)土壤酸化的原因分析

一是日光温室黄瓜的高产量,从土壤中带走了过多的碱基元素(如钙、镁、钾等),导致土壤中的钾和中微量元素过度消耗,使土壤向酸化方向发展。

二是大量生理酸性肥料如硝酸铵、硫酸铵的施用,日光温室温、湿度高,雨水淋溶作用少,随着栽培年限的增加,耕层土壤酸根积累严重,导致了土壤的酸化。

三是由于日光温室复种指数高,肥料用量大,导致土壤有机质含量下降、缓冲能力降低,土壤酸化问题加重。

四是高浓度氮、磷、钾复合肥的投入比例过大,而钙、镁等中微量元素投入相对不足,造成土壤养分失调,使土壤胶粒中的钙、镁等碱基元素很容易被氢离子置换。

(三)土壤酸化的改良措施

1. 增施有机肥　增施有机肥,不仅可增加日光温室土壤有机质含量,提高土壤对酸化的缓冲能力,使土壤 pH 值升高,而且日光温室中有机物料分解利用率高,增加了土壤有效养分,改善了土壤结构,并能促进土壤有益微生物的发展,抑制黄瓜病害的发生。

2. 平衡施用化肥　根据土壤养分含量状况、黄瓜产量水平及需肥规律,合理施用氮、磷、钾及微量元素肥料,既可协调土壤养分平衡,又可减缓土壤盐渍化和酸性化,减少硫酸铵、氯化铵、氯化钾等生理酸性肥料的施用。

3. 施入生石灰改良土壤　生石灰施入土壤,可中和酸性,提高土壤 pH 值,直接改变土壤的酸化状况,并且能为黄瓜补充大量的钙。

(1)*生石灰施用方法*　将生石灰粉碎,使之大部分通过 100 目筛,于整地前,将生石灰和有机肥分别撒施,然后通过耕耙使生石灰和有机肥与土壤尽可能地混匀。

(2)*生石灰施用量*　土壤 pH 值为 5～5.4 时,每 667 平方米施生石灰 130 千克,以调节 15 厘米酸性耕层土壤;土壤 pH 值为 5.5～5.9 时,每 667 平方米施生石灰 65 千克;土壤 pH 值为 6～6.4 时,每 667 平方米施生石灰 30 千克。

四、土壤养分元素失调

(一)土壤养分元素失调的表现

土壤养分元素比例失调,肥料利用率偏低,整体肥力水平低。

(二)土壤养分元素失调的原因分析

1. 施肥量大,结构不合理 多数菜农受“施肥越多产量越高”的错误观念影响,为了获取较高产量和经济利益,化肥投入过大,造成部分日光温室特别是高龄日光温室土壤氮、磷、钾有一定的盈余积累。氮、磷、钾施用比例不协调,由于受习惯及传统的影响,有的菜农偏施尿素、碳铵等氮肥,有的菜农偏施磷酸二铵等含磷量极高的复合肥,造成磷含量偏高,钾及其他元素相对不足,成为影响日光温室黄瓜高产的障碍因素。同时过量不平衡施肥,造成土壤盐分积累和硝酸盐污染。硝酸盐的积累与总盐的积累有相同的趋势,土壤中硝酸盐的积累会导致黄瓜中硝酸盐含量超标。硝酸盐在人体内易转变成致癌物,危害人们的健康。许多菜农偏施氮、磷、钾肥而对微肥重视不够,施用少或不施用,养分不平衡性加剧,引起黄瓜生理病害增多。

2. 忽视粗有机肥的施用 农民只注重施用禽粪、菜饼、人粪尿等精有机肥,由于这些速效性有机肥浓度高、分解快,能在土壤中及时转化为无机养分,在化肥用量本身较高的情况下,更加剧了肥料过量,导致酸化、盐化。而粗有机肥肥料如猪(羊)圈肥、稻草和秸秆用量少或不用,不利于改良土壤和补充营养元素。

(三)土壤养分元素失调的改良途径

1. 增施有机肥料,加快培肥地力 有机肥料、作物秸秆是土壤有机质的主要来源,同时富含多种作物生长所需的营养元素。施用有机肥料、实行秸秆还田能改善土壤的理化性状,不仅可促进作物对化学肥料的吸收,提高化肥利用率,改善农产品品质,而且更主要的是增加了土壤有机质含量,提高土壤保肥、供肥能力,为稳产高产奠定了基础。日光温室土壤以施用优质有机肥料为重点。

2. 大力推广配方施肥　开展作物配方施肥，改变传统盲目的施肥为定量的科学的施肥，可充分提高肥料的利用率和作物产量，改善产品品质，提高经济效益、生态效益和社会效益。配方施肥就是按照栽培目标，科学地设计并实施最佳的施肥方案，实现以最少的投入、取得最佳经济效益，其核心是根据土壤养分化验及肥料试验结果，确定最适宜的施肥量和最协调的肥料养分、种类配比。黄瓜以目标产量15000千克/667米^{2}计，最佳用量为N60、$P_2O_5$20、K_2O50千克/667米^2，其比例为1∶0.67∶0.83，折合尿素(N46%)130千克、过磷酸钙($P_2O_5$12%)165千克、硫酸钾(K_2O50%)100千克。1/3作基施，2/3作多次追肥。

3. 推广施用生物肥料　增施生物肥料，促进黄瓜吸收利用土壤中的营养元素，有助于土壤中营养元素肥效的提高，减少化肥使用量。据化验结果，部分日光温室土壤氮、磷、钾含量较高，土壤表层盐分积累严重，作物生理缺素增多，其原因在于施肥不合理，部分菜农寄希望于高肥量投入，比正常用量多几倍乃至几十倍化肥的投入，致使产生肥害和土壤障碍。在此情况下，合理增施生物肥料，如根瘤菌肥、固氮菌肥、解磷菌类肥、解钾菌类肥或几种菌类的复合肥。由于这类肥料养分全、肥效平稳，对于黄瓜高产优质，活化土壤中的氮、钾、磷及镁、铁、硅等元素，提高磷、钾及某些土壤中的微量元素的有效性及其供应水平，减轻土壤障碍因子具有独特的作用，也是生产绿色食品黄瓜的理想配套肥料。

五、土传病害

(一)土传病害的表现

多年种植黄瓜的日光温室，土壤中病原菌数量远高于一般大田，作物根系极易受到病原菌侵染而发生枯萎病、根腐病、拟茎点霉根腐病等病害。

(二)土传病害的原因分析

日光温室复种指数高,常造成土传病害增多。究其原因有二:一是日光温室黄瓜连作较为普遍,使各种病原菌易在土壤表层大量积聚,特别在日光温室小气候环境下迅速生长繁殖,病原菌数量剧增;二是冬季日光温室保温设施为病原菌安全越冬提供了良好的条件。

(三)土传病害的防治措施

1. 实行轮作 轮作是防治土传病害经济有效的措施。合理进行作物间的轮作特别是水旱轮作(例如6～7月份日光温室休闲期种一茬水稻),对预防土传病害的发生可收到事半功倍的效果。

2. 选用良种 选用抗病的黄瓜品种,可大大地减轻土传病害的危害。

3. 改进栽培方法 对于土传病害,可通过改进栽培方法来达到防病的目的。栽培防病有如下4种方法:①深沟高畦栽培,小水勤浇、避免大水漫灌。②合理密植,改善作物通风透光条件,降低地面湿度。③清洁温室,拔除病株,并在病穴内撒施石灰。④避免偏施氮肥,适当增施磷、钾肥,提高作物抗病性;在作物生长中后期结合施药,喷施叶面肥2～3次。

4. 土壤消毒

(1)*石灰消毒* 在土壤翻耕前,每667平方米撒施石灰50～100千克。石灰既可杀菌又可中和土壤的酸度。

(2)*大水浸泡* 有条件的地方可利用作物休闲季节,将水堵起来浸泡土壤。浸泡时间越长,效果越明显。如果浸泡20天以上,可基本控制线虫为害。

(3)*高温消毒* 在高温季节,将日光温室土壤翻耕后盖上地膜，再关上棚膜，地面温度可达到50℃以上，能杀死土壤中部分病菌。

(4)药剂消毒　防治真菌性病害可用30%恶霉灵500～800倍液或30%恶霉灵加甲霜灵1000倍液或5%井冈霉素水剂500～800倍液淋施土壤，还可每667平方米用恶霉灵3～5千克拌适量的细土均匀撒施。防治细菌性病害，可选用88%水合霉素(由放线菌经发酵培养制成的抗生素类杀菌剂)1000倍液、72%农用链霉素3000～5000倍液或适量络氨铜淋施土壤。采用药剂进行土壤消毒应在播种前进行。

5. 增施有机肥　坚持有机肥、无机肥相结合的施肥体系，增施有机肥，最好施用纤维素多(即碳氮比高)的有机肥，对增加土壤有机质，改善土壤理化性质，增加土壤团粒结构和孔隙度，丰富作物营养元素特别是微量元素，增加土壤有益微生物的数量和活性，抑制有害微生物的繁衍生长，使土壤水、肥、气、热诸肥力要素和谐协调具有重要作用。同时，还能提高土壤的吸附能力和阳离子交换量，增强土壤持水持肥能力，从而缓解土壤次生盐渍化的发生，有利于增强作物的抗逆能力，提高作物产量和改善作物品质。

六、利用石灰氮进行土壤综合改良

连作3年以上的日光温室，普遍发生根结线虫和死棵的问题，有的甚至产生了毁灭性的损失。如何杀灭根结线虫，解决好黄瓜死棵问题，已成为生产上必须认真对待的重要问题。目前，防治效果良好，又能适应无公害生产要求的日光温室土壤消毒方法是石灰氮(氰氨化钙)消毒法，消毒之后配合施用有机肥和生物肥，可起到事半功倍的效果。

(一)石灰氮的消毒方法

1. 时间选择 选在作物已收获、温室清洁后进行，一般在7～9月份进行，此时期距离下茬作物种植还有2～3个月，正是夏秋季节温度高、光照好的有利时机。

2. 撒施有机物 每667平方米施用稻草、麦草或玉米秸秆（最好铡切为4～6厘米长的小段，以利于耕翻整地时施入）等有机物1000～2000千克和石灰氮颗粒剂80千克，均匀混合后撒施于土层表面。

3. 深翻混匀 用人工或旋耕机将撒施于土层表面的有机物和石灰氮均匀深翻入土中，深翻以30厘米以上为好，应尽量扩大石灰氮与土壤的接触面积。

4. 起垄做畦 以垄高25厘米、垄宽30厘米为宜，整平后做成宽1.8米的畦（一个棚间距做2个畦），也可以按定植行距起垄。

5. 密封地面 用透明薄膜将土地表面完全覆盖封严（立柱根部用土或砖块压严）。

6. 膜下灌水 从薄膜下灌水，直至畦面灌足湿透土层为止。

7. 密封日光温室 修理好日光温室薄膜破损处，将日光温室完全封闭。利用日光加温，20～30厘米土层温度可达50℃左右，地表温度可达70℃以上，按此温度持续15～20天，即可有效杀灭土壤中的真菌、细菌、根结线虫等有害微生物。

8. 揭膜晾晒 消毒完成后，翻耕畦面，3天以后方可播种定植作物（定植前可移栽少量秧苗试验）。

(二)石灰氮消毒的注意事项

消毒要做到“三严、三足、一不得”。“三严”：一是石灰氮要撒严，必须全温室地面全部撒严，不留死角；二是地面封严防漏气，有利于提高处理效果；三是棚膜封严，尽量提高棚温和土壤温度。

“三足”：一是灌水要足；二是封棚时间要足；三是揭膜晾晒时间要足，晾晒不足会影响秧苗生长。“一不得”：在作业前后24小时内不得饮用任何含酒精的饮料，以防气体中毒。

石灰氮消毒后，最终完全降解为尿素、氢氧化钙等物质，不会产生任何污染，有利于促进无公害黄瓜的可持续发展。

（三）石灰氮消毒要配合有机肥、生物肥的施用

采用石灰氮结合高温闷棚进行日光温室土壤消毒，在杀灭线虫的同时，既会把生存在土壤中的有害土传病菌如立枯丝核菌、疫霉菌、腐霉菌、青枯菌、枯萎菌等进行有效的杀灭，同时会把土壤中有益的微生物如解磷、解钾的硅酸盐菌、放线菌等杀灭。未经腐熟的畜禽粪肥、人粪尿和作物秸秆有机物都含有有害病原菌，因此所有有机肥应在日光温室土壤消毒前一起施用到日光温室中，与土壤同时进行消毒。消毒后，尽量不再基施未经腐熟的有机肥，以防止重新传入有害微生物，造成前功尽弃。

经石灰氮消毒后，土壤中的有益微生物菌群已被杀灭，如何尽快培育有益微生物菌群，是黄瓜生长发育所必需的。主要有以下2项措施：①定植前，顺栽培行沟施正规厂家生产的EM菌肥或CM菌肥或酵素菌肥100～150千克，施后用小水顺沟浇灌或隔行浇水1次。②定植前，每667平方米随水冲施微生物菌原液2千克；定植后冲施微生物菌原液2～3次，每隔10天冲施1次，每次每667平方米冲施2千克左右。也可以两种方法结合施用。注意在施用微生物菌肥以后，不再使用杀菌剂进行土壤消毒或灌根，植株无病害症状时少喷施化学杀菌剂。

七、利用生物反应堆技术改良土壤

秸秆生物反应堆技术又称二氧化碳缓释富氧秸秆发酵技术，

是一项能够有效解决设施蔬菜土壤连作障碍、提高蔬菜产量、改善蔬菜品质的创新栽培技术。在日光温室中应用秸秆反应堆技术，改变了过去“头痛医头，脚痛医脚”的防害防治理念；采用中医的“正本修元”方法，调节土壤中微生物的平衡，起到了改良土壤的效果。

(一)利用生物反应堆技术改良土壤的原理

土壤中存在着大量微生物，包括真菌、细菌、病毒和原生生物，这些微生物的生物总量，每 667 平方米耕层土壤达到了 100～1000 千克。这些微生物绝大多数是有益的，如有机物的分解需要微生物，化肥的分解和转化需要微生物，岩石、矿物或风化土壤中各种矿质养分的分解与释放需要微生物。还有豆科作物的根瘤菌，一些原生生物的活动及分泌物等都会对作物的生长起到很好的促进作用。土壤中有害的微生物只占极少数，如枯萎病病原物、青枯病病原物、根结线虫等。这些微生物在土壤中，既互相依存，又相互制约，有的还是共生或互生关系。如放线菌感染线虫后，可使线虫 48 小时出现死亡，土壤中放线菌若基数增加就可破坏线虫的生存环境，从而抑制线虫的发生；一些有益的霉菌产生的大量菌丝体或分泌物可抑制有些霉菌的发生和蔓延等。正是由于土壤中各种微生物之间的互补与制约，才维持了土壤中微生物数量和比例的平衡，从而为作物的根系及生长提供了良好的生态环境。

日光温室属半永久性生产设施，而由于连续种植，温室内土壤微生物平衡会遭到严重破坏。秸秆反应堆技术，是将人工培育的酵素菌通过秸秆这一载体进行繁殖，而后施入土壤，相当于用“养猫”的方式控制“鼠患”，从而调节温室内土壤的微生物平衡。

(二)秸秆反应堆的使用方法

1. 操作时间 在定植前 10～15 天建造完毕。

2. 秸秆用量　所有植物秸秆均可使用，其数量为每667平方米日光温室4000～5000千克（要用干秸秆）。

3. 菌种用量　每667平方米用8～10千克。

4. 基肥和追肥用量　化肥第一年减少50%，第二年减少70%，第三年减少90%；基肥不用化肥、鸡粪，可用150～200千克饼肥。

5. 反应堆做法　定植前在小行（种植行）下开沟。沟宽大于小行10厘米，一般为70～80厘米，沟深20厘米，沟长与小行长度相等。起土分放两边。接着填加秸秆，铺匀踏实，厚度30厘米。沟两头各露出8厘米秸秆茬，以便进氧气。填完秸秆后撒饼肥。再将每沟所需菌种均匀撒在秸秆上，用锹轻拍一遍后，把起土回填于秸秆上，浇水湿透秸秆。3～4天后，将处理好的疫苗撒在垄上，并与10厘米表土掺匀，找平垄。接着开沟放入黄瓜苗，覆土，浇小水。第二天打孔。10天后盖膜、打孔。

（三）利用生物反应堆的注意事项

利用生物反应堆技术改良土壤要注意以下事项：①秸秆用量要和菌种用量搭配好，每500千克秸秆用1千克菌种。②浇水时不要冲施化学农药，特别要禁冲杀菌剂。③浇水后4天要及时打孔，用14号的钢筋每隔25厘米打一个孔，要打到秸秆底部，浇水后孔被堵死的要再打孔。幼苗定植10天缓苗后再盖地膜，盖上地膜后还要在膜上打孔。④减少浇水次数，一般常规栽培浇2～3次水。用该项技术只浇1次水即可，切忌浇水过多。浇水后可用百菌清烟雾熏蒸剂熏蒸1次。该不该浇水可用土法判断：在表层土下，抓一把土，用手一攥如果不能攥成团应马上浇水，能攥成团时千万不要浇水。而且，在第一次浇水湿透秸秆的情况下，定植时千万不要再浇大水，只浇缓苗水。浇水可以浇大管理行。⑤前2个月不要冲施化肥，以避免降低菌种、疫苗活性，后期可适当追施少量有机肥和复合肥(每次每 667 平方米冲施浸泡 10 多天的豆饼 15 千克左右,复合肥 15 千克)。⑥要用好疫苗,消除土传病害,减少病害消耗。浇水后 4～5 天,结合整地施入疫苗,整平、耙细反应堆 10 厘米土层等待定植。

八、老龄温室换土

由于不少老龄温室根结线虫和土传病害日渐严重,使用多种方法灭杀都没有多大效果。近年来,部分菜农下大力气在老龄温室内换土,一般是把老龄温室 30 厘米以上的表层土挖出,换上肥沃且无土传病害的田园土。这是一项费时费工的劳作,因此一定要做到科学合理,以免费力却达不到理想的效果。老龄温室换土应注意以下问题。

(一)换土要注意选择合适的土质

一般情况下,应选用肥沃无污染的田园土。需要注意的是,如果老龄温室土壤是黏土,应换上沙质土壤;如果是沙土地,应换上黏性土壤。这样一掺和,更有利于蔬菜的生长。另外,如果土壤偏酸,可用偏碱的土壤中和一下;如果偏碱,就用偏酸一些的土壤进行改良。

(二)换土后要注意增施有机肥

对于换上的新土,即使是取自肥沃的园地,有机质含量也大都达不到 1%,因此换土后应及时增施有机肥。第一次施用有机肥应多一些,每 667 平方米可施入鸡粪 18～20 立方米、稻壳粪 35～40 立方米。如果施用秸秆肥,则效果更好。

(三)换土后要注意土壤消毒

换土后,为避免新土带菌以及老龄温室底层土壤中的线虫侵入新土中为害,一定要进行土壤消毒。可每667平方米棚地用棉隆20～30千克熏闷,彻底消毒灭菌。另外,温室墙体、竹竿和工具也应消一遍毒,可用50%多菌灵1 000倍液全棚喷洒。

(四)换土后注意补菌

老龄温室换土后,及时补菌很重要。尤其是对于一些新换上的生土(表土层以下的土壤),生物菌含量很低,应及时给予补充。可在土壤用棉隆熏闷后,配合基施有机肥施入含芽孢杆菌、放线菌的生物肥150～200千克,这样不仅改土效果好,还有抑制土传病害的作用。

第六章　日光温室黄瓜栽培肥水运筹技术

一、日光温室黄瓜科学施肥技术

施肥是满足黄瓜生长发育所需营养元素的重要技术措施。主要包括基肥、追肥和叶面喷肥 3 种方式。

(一)基　肥

基施是指黄瓜定植前结合土壤耕作施用肥料的过程。其作用是为了创造黄瓜生长发育所要求的良好土壤条件,为整个生育期供应养分奠定基础。基肥的效率高,肥料施得深。对培肥土壤的作用较大,也较持久。

1. 施用方法

(1)撒施　将肥料均匀地铺撒在畦面,结合整地翻入土中,并使肥料与土壤充分混匀。撒施的优点是简单易行,将肥料均匀地撒在地面上,结合整地翻入土中,使肥料与土壤混合,撒布面广,作物根群扩展时随处都可以吸收到养料;其缺点是肥料施用量大。

(2)沟施　栽培畦(垄)下开沟,将肥料均匀撒入沟内,施肥集中,有利于提高肥效。沟施的优点是施下的肥料比较集中,节省肥料,有利于前期的吸收利用;其缺点是很难满足黄瓜后期根系不断生长扩展的需要。

(3)穴施　先按株行距开好定植穴,在穴内施入适量的肥料,既可节约肥料,又能提高肥效。穴施的优点是肥料集中,肥料利用率高;其缺点是比较费工。

2. 适宜作基肥的肥料种类

(1)有 机 肥

①农家肥料　系指含有大量生物物质、动植物残体、排泄物等物质的肥料。它们不应对环境和作物产生不良影响。农家肥在制备过程中,必须经无害化处理,以杀灭各种寄生虫卵、病原菌和杂草种子,去除有机酸和有害气体,达到卫生标准。主要农家肥料有堆肥、沤肥、厩肥、沼气肥、灰肥、绿肥、作物秸秆、饼肥等。其中堆肥、沤肥、厩肥、沼气肥、绿肥、作物秸秆适于撒施或条施。灰肥和饼肥适宜穴施。

②商品有机肥料　系指有机肥料生产厂家,按规范的工艺操作生产的商品有机肥。其产品必须是证件(检验登记证、生产许可证、质量标准)齐全,并经有关部门质量鉴定合格。主要包括精制有机肥、微生物肥料、腐殖酸肥料、有机液肥等。可采用撒施、条施或穴施等方法。

③其他有机肥　包括不含合成添加剂的食品、纺织工业的有机副产品、不含防腐剂的鱼渣、牛羊毛废料、骨粉、氨基酸残渣、家畜加工废料、糖厂废料等有机物料制成的有机肥料。可采用撒施、条施或穴施等方法。

有机肥施用充足,好处很多。一是可培肥地力。可增加土壤有机氮的含量。寿光菜农 10 年来重视有机肥的足量施用,土壤有机质含量从 1%提高到了 1.5%以上,土壤肥力有很大提高。二是养分全面,可满足黄瓜整个生长过程的需肥要求。三是改善了土壤结构。施足有机肥有助于形成土壤团粒结构,土壤通透性良好,缓冲性能好,适应了黄瓜耐肥水的特点,为黄瓜高产打下基础。

但在使用过程中需注意两点:一是要充分腐熟。使有机肥腐熟的方法很多,常用的如在日光温室休闲期鸡粪等有机肥的腐熟可以结合高温闷棚进行。在气温较低的情况下,可以使用含生物菌的腐熟剂如肥力高等,均匀地喷洒到有机肥上以促进其发酵腐熟。二是避免施用含碱有机肥。使用含碱性高的有机肥，易导致黄瓜黄化、卷叶等，而且导致土壤返碱严重。可在有机肥使用前取少许浸水溶化，然后用 pH 试纸测试，若含碱量较高，可将有机肥提前施入温室内，大水漫灌进行水洗，也可用硫酸中和。

(2)化学肥料

①氮肥　常用的氮肥有硫酸铵、碳酸氢铵和尿素，可采用撒施、条施或穴施等方法施下。硝态氮化肥施入土壤不易被土壤吸附，易灌溉淋失，故不宜大量作基肥。

②磷肥　生产上多用水溶性磷肥，主要有过磷酸钙、重过磷酸钙、磷酸铵。最好与一定比例的有机肥混合后条施或穴施。

③钾肥　常用硫酸钾和草木灰。最好与一定比例的有机肥混合后作条施或穴施。

④微量元素肥料　种类很多，常用的有硼肥、钼肥、锌肥、锰肥、铁肥和铜肥。最好与一定比例的有机肥混合后作条施或穴施。

⑤专用复混肥料　目前普遍使用的专用肥多为复混肥，1 次施肥就可同时满足黄瓜对氮、磷、钾甚至中量、微量元素的需要。可采用撒施、条施或穴施等方法施下。

(3)生物肥料　包括根瘤菌肥、固氮菌肥、解磷菌类肥、解钾菌类肥、芽孢杆菌类肥或几种菌类的复合肥等。增施生物肥料，促进蔬菜吸收利用土壤中的营养元素，减少化肥的使用量，同时可活化土壤中的氮、磷、钾及镁、铁、硅等元素，对蔬菜高产优质、减轻土壤障碍因子有独特作用。生物肥是一种活性菌，必须埋施于土壤之中，不得撒施在土壤表面，一般施深 7～10 厘米。由于生物菌不对作物产生烧苗、烧种现象，所以生物肥应最大限度地接触植物根系，才能有效地供给植物充分营养，因此要将生物肥均匀施入根系范围内。

3. 施用量　基肥施用数量要根据土壤肥力的高低来确定。当土壤中速效氮、磷、钾和微量元素低于黄瓜生长需肥临界值时，就要首先选择化学肥料补充土壤肥力不足。有机质低于1.2%的土壤，每667平方米必须施用3立方米以上的有机肥料，才能满足作物生长需要。化肥具体施肥量则要根据目标产量、当地施肥水平和土壤肥力情况相应调整，一般情况下每667平方米施尿素40～75千克、过磷酸钙50～100千克、硫酸钾20～40千克。

生产上如果以商品有机肥代替鸡粪作基肥使用，一般每667平方米用量为300～1000千克，对土壤状况较差的可适当增加用量。

3年以上的日光温室可适当增施生物有机肥，一般每667平方米用量为100～300千克;5年以上的老龄日光温室应适当减少化肥用量，而增加生物有机肥用量。

微量元素对黄瓜的生长发育起着大量元素(如氮、磷、钾等)无法替代的作用，一旦某种微量元素缺乏，黄瓜就会表现出相应的缺素症状，但许多微量元素从缺乏到过量之间的临界范围很窄，如果施用微肥的量过大或不均匀，往往会对黄瓜产生毒害作用。常用微肥作基肥在日光温室黄瓜上的安全用量如下。

铁肥(硫酸亚铁):每667平方米土壤施用1～3.75千克，1～2年施1次。

硼肥(硼砂或硼酸):每667平方米土壤施用0.75～1.25千克，2～3年施1次。

锰肥(硫酸锰或氯化锰):每667平方米土壤施用1～2.25千克，2～3年施1次。

铜肥(硫酸铜):每667平方米土壤施用1.5～2千克，1～2年施1次。

锌肥(硫酸锌):每667平方米土壤施用0.25～2.5千克，1～2年施1次。

钼肥(钼酸铵):每667平方米土壤施用30～200克，3～4年施1次。

(二)追　肥

追施是指在黄瓜生长过程中加施肥料的过程。其作用主要是为了供应黄瓜某个时期对养分的大量需要，补充基肥的不足。追肥量一般约占黄瓜作物全生育期总施肥量的1/3甚至更多。常用的追肥方法有以下4种。

1. 埋施　就是在黄瓜株间、行间开沟挖坑，将肥料施入，再覆盖土壤的一种追肥方式。

(1)优缺点　埋施的优点是采用这种施用方法肥料浪费少，最经济。其缺点是劳动量大，费工，且操作不太方便。

(2)肥料种类　作埋施追肥的有硫酸铵、尿素、过磷酸钙、硫酸钾、复合肥以及充分腐熟的有机肥和生物菌肥均可。

(3)施用方法　施用时要注意埋肥的沟、坑要离黄瓜根、茎基部10厘米以上，若离根太近则易损伤根系。冬季施肥量每667平方米每次施10千克左右，春季每667平方米每次施20千克左右。埋施后一定要浇水，使埋施的肥料浓度降低。

2. 冲施　就是把固体的速效化肥溶于水中或用腐熟的鸡粪混入水中并以水带肥的方式施肥方法。通过肥水结合，让可溶性的氮、钾养分渗入土壤中，再为作物根系吸收。这是目前最常用的一种追肥方式。

(1)冲施的优缺点　其优点有5个：一是施肥均匀，便于黄瓜根系的吸收；二是肥料均匀分布于田间，不发生肥害；三是不开沟不挖穴，不伤根系；四是该施肥法适宜于地膜覆盖栽培形式；五是用法简单，省工省时，劳动量不大。其缺点是浪费的肥料较多，在渠道内容易渗漏流失。在田间黄瓜根系达不到的深层，也会渗入部分肥料造成浪费。肥料利用率只有30%～40%，甚至更低。

(2)冲施的肥料种类　从肥料化学性状及内在营养成分上主要划分为3种：一种是有机型，如氨基酸型、腐殖酸海洋生物型等；

另一种是无机型，如磷酸二氢钾型、高钙高钾型等；再一种是微生物型，如光全细菌型、酵素菌型等。此外，市场上还有一种将有机、无机、生物等原材料科学地加工、复配在一起而生产的新型冲施肥，属于复合型制剂。

只有水溶性的肥料方可随水施用。氮肥中常用尿素、硫酸铵和硝酸铵；钾肥有氯化钾和硫酸钾，也可用硝酸钾。而磷肥种类即使是水溶性的磷酸一铵和磷酸二铵也不要冲施，其原因是磷肥的移动性差，不能随水渗入根层。磷肥的施用只能埋入土中。

(3)冲施的追肥量　每次追肥量可参照黄瓜生长需肥量来确定。不计基肥养分的量追肥时，一般每 667 平方米目标采收量为 1 000 千克，施用纯氮(N)0.4 千克、纯磷(P_2O_5)0.35 千克、纯钾(K_2O)0.55 千克。据不同追肥品种进行折算，如折合碳酸氢铵 1.5 千克、过磷酸钙 2.9 千克、硫酸钾 1.1 千克，扣除基肥养分的供给量时，应根据黄瓜生长期的长短和不同采收量，适当扣除基肥提供的养分量。

(4)冲施应注意的事项　日光温室内冲施肥应注意以下几点：①有机肥与无机肥相结合。不少农民无论冲施，还是追施，均以化肥为主。虽然有些冲施肥含有腐殖酸，但无机肥多以硝酸铵、尿素等氮肥为主，短期内黄瓜长势好，但缺乏长期效应。也有些冲施肥以饼肥(麻籽饼、棉籽饼、豆饼)和磷酸二铵(或硝酸铵)为主，效果欠佳，原因是饼肥发酵需一定的时间。②大水与小水冲施相结合。不少农民无论苗期、结果期均以大水冲施肥，使得肥水过大，引起苗病、烂根、沤根。无论生物肥、有机肥，还是化肥都要看苗用肥，用量要合理，并且肥水过后要及时中耕松土。③生物肥与化肥相结合。生物肥料含有 10 余种有益菌，具有活化土壤，调节养分的功效，与无机肥(化肥)配合施用，能解除肥害，增加土壤有机质，促进根系发育。土传病害发生严重的日光温室应选择使用具有防病功效的芽孢杆菌类生物肥，土壤中氮、磷、钾积累较多的老龄日光温室应选择使用具有解磷、解钾作用的酵素菌型生物肥。④冲施肥在使用过程中要根据种植区内的土壤供肥能力、基肥施用量以及所种植的需肥特点，确定适合的冲施肥品种。再就是详细阅读所选购冲施肥的使用说明书，掌握适合的施肥时期、施用量和施用方法，不可凭以往的施肥经验而自作主张，以免造成不必要的损失。

3. 敞穴施肥 在日光温室黄瓜生产上，施肥量过大是一个比较突出的问题。过量施肥不但增加农民的生产成本，还会造成土壤养分的积累、硝酸盐的淋洗、产品质量的变劣和土壤的盐化等环境问题。造成过量施肥的主要原因是日光温室黄瓜追肥多采用冲施的方法，将肥料均匀地溶解在水内，在灌水量较大的情况下，肥料的浓度较低，供肥强度低，不利于黄瓜根系的吸收。为克服这些弊端，可采用敞穴施肥法。

(1)*敞穴施肥的基本方法* 在两株黄瓜中间的垄上挖一个敞穴，穴在灌水沟内侧，向沟内侧开豁口，豁口低于沟灌水位但高于沟底，使部分灌水可流入穴内，以溶解和扩散肥料；覆盖地膜后，在穴上方将地膜撕出一个孔；在每次灌水前1～2天，将肥料施入穴内；一次制穴，整个黄瓜生育期使用(图6-1)。

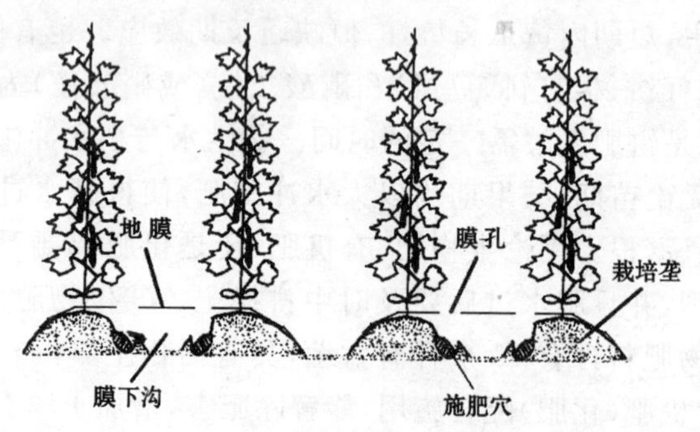

图6-1 黄瓜敞穴施肥图示

（2）敞穴施肥的优缺点　其优点是比常规穴施肥减少了每次挖穴、覆土的工序，使集中施肥在日光温室黄瓜覆盖地膜的情况下得以实现；克服了冲施肥供肥强度低，肥料利用率低的缺点。该方法在较易操作下，实现了集中施肥，提高了供肥强度。其缺点是追肥过于集中，一次施用量过多，容易引起烧根；由于受穴大小的限制，不能追施腐熟鸡粪等有机肥。

（3）敞穴施肥的肥料种类　除鸡粪、厩肥以外，各种肥料均适宜敞穴施肥。

（4）敞穴施肥的操作方法　翻耕、起垄、移栽黄瓜等农事操作按照常规。在黄瓜缓苗后、覆盖地膜前，在两株黄瓜之间的垄上挖一个敞穴，敞穴靠近灌水沟内侧，且向灌水沟侧敞开，敞穴的穴底高出灌水沟的沟底约 5 厘米；地面覆盖地膜后，在敞穴上方将地膜撕开一个孔洞，孔洞大小以方便向穴内施肥为度；在浇水前 1～2 天施入化肥，化肥用普通的复合肥，以含硝态氮和硫的复合肥为好。施肥量冬季每 667 平方米每次施 12.5 千克左右，春季每 667 平方米每次施 30 千克左右。灌水次数和灌水量根据农民习惯。

4. 滴灌施肥　滴灌是滴水灌溉的简称。滴灌施肥是将施肥与滴灌结合起来的一种新的施肥技术。它利用一整套系统设备，将灌溉水加低压（或利用地形落差自压）、过滤，通过管道输送到滴头，使灌溉水呈水滴状，均匀而缓慢地滴入到作物根区附近的土壤表面或土壤内，适时、适量地向作物根区供应水分，以经常保持适宜于作物生长的最优水分状态，而作物株、行间根区以外的土壤仍然保持较干燥的状态。滴灌可将可溶性肥料随水施到作物根区。凡采用滴灌设施灌水的黄瓜日光温室均采用这一方式追肥。

（1）滴灌施肥的优缺点　其优点有以下 4 点：①适时适量地直接把肥料施于根系集中层，少施勤施，使施肥达到定时、定位，便于作物吸收，减少损失，充分发挥肥效。②以少量多次的方式向作物提供养分，可满足作物整个生长期对养分的需求。③可根据作物生长期营养特性的变化，对供给的养分进行调控。④由于地膜覆盖，肥料几乎不挥发、无损失，肥料虽集中，但浓度小，因而既安全，又省工省力，效果很好。滴灌施肥对肥料的利用率达80%以上。其缺点是选用肥料必须水溶性好。

(2)滴灌施肥对肥料的要求

第一，为防止滴头堵塞，要选用尿素、磷酸二氢钾等溶解性好的肥料。施用复合肥时，尽量选择完全速溶性的专用肥料。确需施用不能完全溶解的肥料时，必须先将肥料在盆或桶等容器内溶解，待其沉淀后，将上部溶液倒入施肥罐进入滴灌系统，剩余残渣则施入土中。

第二，一般将有机肥和磷肥作基肥使用。因为有的磷肥如过磷酸钙只是部分溶解，残渣易堵塞喷头。

第三，要选择对灌溉系统腐蚀性小的肥料。如硫酸铵、硝酸铵对镀锌铁的腐蚀严重，而对不锈钢基本无腐蚀；磷酸对不锈钢有轻度的腐蚀；尿素对铝板、不锈钢、铜无腐蚀，对镀锌铁有轻度的腐蚀。

第四，追肥的肥料品种必须是可溶性肥料，要求纯度较高、杂质较少、溶于水后不会产生沉淀，否则不宜作滴灌追肥。一般氮肥和钾肥选用符合国家标准或行业标准的尿素、碳酸氢铵、硫酸钾、氯化钾等。补充磷素一般采用磷酸二氢钾等可溶性肥料作追肥。追补微量元素肥料，一般不能与磷素追肥同时使用，以免形成不溶性磷酸盐沉淀，堵塞滴头或喷头。

(3)滴灌施肥的操作方法

①肥料品种的选择　利用滴灌施肥也要按作物对养分的需求选择合适的肥料种类。在黄瓜生长中后期既要使植株具有一定的营养生长势，又要确保瓜果具有较好的品质，一般选用尿素、磷酸二氢钾等提供大量元素，选择水溶性多效硅肥、硼砂、硫酸锰、硫酸锌等提供中、微量元素。其中，微量元素也可直接用营养型叶面

肥，如肥力宝等。具体选用什么肥料要根据基肥和植株长势确定。

②配制肥料溶液 肥料溶液可根据施肥方法配制成高浓度和低浓度两种溶液。高浓度溶液就是将尿素、磷酸二氢钾等配制成5%～10%的水溶液，中、微量元素配制成1%～2%的水溶液；低浓度溶液就是将尿素、磷酸二氢钾等配制成0.5%～1%的水溶液，中、微量元素配制成0.1%～0.2%的水溶液直接施用。

③肥料用量及混用 每667平方米每次尿素施用量为3～4千克、磷酸二氢钾施用量为1～2千克，这两种肥料也可混合施用。中、微量元素一般每一种肥料在一季作物中不能超过1千克，每年都施用的田块不超过0.5千克。

④施肥方法 当用高浓度溶液进行施肥时可与灌水同时进行，即打开施肥器吸管开关，使肥液随水流进入软管，肥液的流量用开关控制；用低浓度溶液直接施肥时，将灌水阀门关闭，打开施肥器吸管的开关，把过滤器固定在肥液容器底部，接通肥液即可施肥。

⑤肥料施用应注意的事项 配制的肥液不应含有固体沉淀物，防止滴孔堵塞；高浓度肥液流量要控制好、不宜太大，防止浓度过高伤害作物根系；施肥结束要关闭吸管上的开关，打开阀门继续灌水数分钟，以便将管内残余肥料冲净。

(三)叶面喷肥

叶面喷肥是将配制好的肥料溶液直接喷洒在黄瓜茎叶上的一种施肥方法。

1. 黄瓜采用叶面追肥的好处 叶面追肥作为黄瓜施肥的一种常用方法，具有许多独特的优点：①叶面追肥可使黄瓜通过叶部直接得到有效养分。而采用根部追肥时，某些养分常因易被土壤固定而降低植株对它们的利用率。②叶部养分吸收转化的速度比根部快。以尿素为例，根部追施4～5天才能见效，叶面喷施当天即可见效。③叶面追肥可以促进根部对养分的吸收，提高根部施肥的效果。④叶面喷施某些营养元素后，能调节酶的活性，促进叶绿素的形成，使光合作用增强，有利于改善品质、提高产量。总之，叶面追肥是一种成本低、见效快、方法简便、易于推广的施肥方法。但黄瓜吸收矿质营养主要靠根部，叶面追肥只能作为一种辅助手段，生产上仍应以根部施肥为主。采用叶面追肥时，必须在施足基肥并及时追肥的基础上进行。只有这样，才能取得理想的效果。

2. 适合作叶面追肥的肥料种类 适合作叶面追施的肥料通常称为叶肥、叶面肥或叶面营养液。根据其作用和功能等可把叶面肥概括为以下四大类。

(1)营养型叶面肥 此类叶面肥中氮、磷、钾及微量元素等养分含量较高，主要功能是为作物提供各种营养元素，改善作物的营养状况，尤其适宜于作物生长后期各种营养的补充。

(2)调节型叶面肥 此类叶面肥中含有调节植物生长的物质，如生长素、激素类等成分，主要功能是调控作物的生长发育等。适于植物生长前期、中期使用。

(3)生物型叶面肥 此类肥料中含微生物体及代谢物，如氨基酸、核苷酸、核酸类物质。主要功能是刺激作物生长，促进作物代谢，减轻和防止病虫害的发生等。

(4)复合型叶面肥 此类叶面肥种类繁多，复合混合形式多样。其功能有多种，一种叶面肥即可提供营养，又可刺激生长调控发育。

3. 根据黄瓜的需肥特点合理选用叶面肥 黄瓜叶面追肥以氮、磷、钾混合液或多元复合肥为主，如0.2%～0.3%磷酸二氢钾溶液、0.5%尿素＋2%过磷酸钙＋0.3%硫酸钾溶液和0.05%稀土微肥溶液等，一般在生长期喷洒2～3次。喷施宝、叶面宝、光合微肥等在黄瓜上应用，也有良好的作用。另外，黄瓜结瓜期喷洒

1%葡萄糖或蔗糖溶液，可显著增加黄瓜的含糖量；喷洒以0.2%尿素+0.2%磷酸二氢钾+1%蔗糖组成的“糖氮液”，不仅能增加产量，而且能增强植株的抗病能力，减轻霜霉病等病害的发生。

4. 黄瓜叶面追肥应注意的问题

(1)喷洒浓度要合适　叶面追肥一定要控制好喷洒浓度，浓度过高很容易发生肥害，造成不必要的损失。特别是微量元素肥料，黄瓜从缺乏到过量之间的临界范围很窄，更要严格控制；浓度过低则收不到应有的效果。

(2)喷洒时间要适宜　影响叶面追肥效果的主要因素之一是肥液在叶面上的湿润时间，湿润时间越长，叶面吸收的养分越多，效果也就越好。因此，叶面追肥一定要根据天气状况，选择适宜的喷洒时间。日光温室栽培一般以晴天上午10时以前喷洒为最好。

(3)肥料混用要得当　叶面追肥时，将两种或两种以上的叶面肥合理混用，其增产效果会更加显著，并能节省喷洒时间和用工。但肥料混合后必须无不良反应和不降低肥效，否则达不到混用的目的。另外，肥料混合时还要注意溶液的浓度和酸碱度，一般情况下溶液的pH值为6～7时有利于叶部吸收。

(4)喷洒质量要保证　叶面追肥要求雾滴细小、喷洒均匀，尤其要注意喷洒生长旺盛的上部叶片和叶片的背面。因为新叶比老叶、叶片背面比正面吸收养分的速度快，吸收能力强。

(5)施肥的间隔时间要适宜　适宜的间隔时间为5～7天。其中无机化肥喷肥间隔时间一般不少于7天，有机肥的间隔时间一般为5天左右。

此外，需要注意的是，黄瓜生长发育所需的基本营养元素主要来自于基肥和其他方式追施的肥料，根外追肥只能作为一种辅助措施。

5. 叶面肥施用不当后的处理　发生伤叶时，要用清水冲洗叶面，冲洗掉多余肥料，并增加叶片的含水量，缓解叶片受害程度。

土壤含水量不足时，还要进行浇水，增加植株体内的含水量，降低茎叶中的肥液浓度。

二、日光温室黄瓜二氧化碳施肥技术

（一）二氧化碳施肥对黄瓜的影响

绿色植物在进行光合作用时，都要吸收二氧化碳放出氧气。二氧化碳是植物光合作用的重要原料之一，在一定范围内，植物的光合产物随二氧化碳浓度的增加而提高。二氧化碳气肥在保护地蔬菜生产中的作用尤其明显，可以大大提高光合作用效率，使之产生更多的碳水化合物。在日光温室黄瓜栽培中，二氧化碳亏缺是限制黄瓜高产高效的重要因素之一。

大气中二氧化碳的含量一般为 300 毫升/米^3，这个浓度虽然能使黄瓜正常生长，但不是进行光合作用的最佳浓度。黄瓜在保护地栽培时，密度大且以密闭管理为主，通风量小，尽管温室内黄瓜呼吸、有机肥发酵、土壤微生物活动等均能放出一部分二氧化碳，但只要黄瓜进行短时间的光合作用后温室内的二氧化碳含量就会急剧下降。根据用红外线气体分析仪测试得知，4 月份日光温室内二氧化碳浓度最高值是早晨拉帘前，达 1 380 毫升/米^3，等到日出拉开草帘后，随着光照强度的增加和温度的升高，光合速率加快，温室内二氧化碳的浓度迅速下降，到上午 11 时，温室内二氧化碳的浓度降至 135 毫升/米^3，由此可见温室内二氧化碳亏缺的程度。温室内二氧化碳浓度低于自然大气水平的持续时间一般是从上午 9 时至下午 5 时，从下午 5 时以后随着光照强度减弱和停止通风盖帘，温室内二氧化碳浓度才逐渐回升到大气水平以上。当温室内温度达到 30℃开始通风后，温室内的二氧化碳得到外界的补充，但远低于大气水平而不能满足黄瓜的正常生长发育。大量测量结果表明，每日有效光合作用时，日光温室内二氧化碳一直表现为亏缺状态，严重影响了黄瓜光合作用的正常进行，制约了黄瓜产量的提高。

试验证明，合理施用二氧化碳气肥可提高黄瓜光合速率，植株体内糖分积累增加，从而在一定程度上提高了黄瓜的抗病能力。增施二氧化碳还能使叶和果实的光泽变好、外观品质提高，同时大幅度提高维生素C的含量，营养品质得到改善。可使黄瓜增产15％～30％，效益相当可观。

（二）日光温室内施用二氧化碳的时间

日光温室黄瓜生长发育前期植株较小，吸收二氧化碳数量相对较少。加之土壤中有机肥施用量大，分解产生二氧化碳较多，一般可以不施二氧化碳。若过早施二氧化碳肥，会导致茎叶生长过快而影响开花坐果，不利于丰产。进入坐果期后，应加大二氧化碳施用量。到开花结果期正值营养需求量最大的时期，也是二氧化碳施用的关键期。此期即使外界温度已较高，通风量加大了，每天也要进行短时间的二氧化碳施肥。一般每天中有2个小时左右的高浓度二氧化碳时间，就能明显地促进黄瓜生长。结果后期，植株的生长量减少，应停止施用二氧化碳，以降低生产费用。一天内二氧化碳的具体施用时间应根据日光温室内二氧化碳的浓度变化以及植株的光合作用特点进行安排。一般晴天日出半个小时后，由于日光温室内的二氧化碳浓度下降较明显，浓度低于光合作用的适宜范围，所以晴天揭帘后开始施用二氧化碳；多云天或轻度阴天可把施肥时间适当推迟半个小时。

（三）二氧化碳气体施肥方法

二氧化碳气肥使用方法比较简便，目前常用的方法主要有微生物法、液态二氧化碳释放法、硫酸与碳酸氢铵反应法、碳酸氢铵加热分解法、燃烧气肥棒二氧化碳释放法和固体二氧化碳气肥直接施用法6种。

1. 微生物法 增施有机肥，在微生物的作用下缓慢释放二氧化碳作为补充。秸秆生物反应堆技术就是微生物法的一种应用形式。

2. 液态二氧化碳释放法 钢瓶二氧化碳气的供应可根据流量表和保护地体积准确控制用量。但由于钢瓶中二氧化碳温度很低（可达—78℃），在向日光温室中输入前必须使其升温，否则会造成温室内温度下降，将危害黄瓜的生长。故在使用时需通过加热器将气体加热到相对比较恒定的温度再输出。输出时选用直径1厘米粗的塑料管，通入保护地中。因为二氧化碳的比重大于空气，所以必须把塑料管架离地面，最好架在温室内较高位置。每隔2米左右在塑料管上扎一个小孔，把塑料管接到钢瓶出口上，出口压力保持在1～1.2千克/厘米^2。每天根据情况通气8～10分钟即可。

此法虽比较容易实现自动控制，但在气温高的季节还是不利于实施。

3. 硫酸与碳酸氢铵反应法 该方法是用二氧化碳发生器来实施的，选用的原料是碳酸氢铵和硫酸。塑料管架设方法同上。其原理是碳酸氢铵和硫酸反应放出二氧化碳，供给黄瓜进行光合作用。生成的副产品硫酸铵可用作追肥。其反应式如下：

$$2NH_4HCO_3 + H_2SO_4 = (NH_4)_2SO_4 + 2CO_2\uparrow + 2H_2O$$

4. 碳酸氢铵加热分解法 用专用容器装入碳酸氢铵，加热使其分解出二氧化碳、氨气和水。其反应式如下：

$$NH_4HCO_3 \rightarrow CO_2\uparrow + 2H_2O + NH_3\uparrow$$

分解出的气体通过一个容器过滤，把氨气溶解到水中，只放出二氧化碳，然后通过架设的塑料管释放到保护地中供黄瓜进行光合作用。

5. 燃烧气肥棒二氧化碳释放法 直接燃烧成品的气肥棒即可产生二氧化碳供黄瓜吸收利用。该方法简便易行，安全、成本低、效果好，易于推广。

6. 固体二氧化碳气肥直接施用法 通常将固体二氧化碳气肥按每平方米 2 穴，每穴 10 克施入土壤表层，并与土壤混合均匀，保持土层疏松。施用时勿靠近黄瓜的根部，使用后不要用大水漫灌，以免影响二氧化碳气体的释放。

(四)施用二氧化碳气肥应注意的问题

第一，施用二氧化碳气肥时，温室内温度要在 15℃以上，且要在拉帘后 1 小时开始施用，通风前 1 小时结束。

第二，施用适期一般在黄瓜坐住瓜后、二氧化碳相当亏缺时，并且要在晴天上午光照充足时施用，浓度可掌握在 1 500～2 200 毫升/米^3，少云天气可少施或不施，阴雨雪天气不能施用。

第三，用硫酸与碳酸氢铵反应法时，对于反应所产生的副产品——硫酸铵，使用前应先用 pH 试纸测酸碱度。若 pH 值小于 6，则须再加入足量的碳酸氢铵中和多余的硫酸，使其完全反应后方可对水作追肥用。并在整个反应过程中做好气体输出的水过滤工序，减少与避免有害气体的释放。

同时各项操作要小心，以防止硫酸溅出或溢出。在浓硫酸稀释时，一定要把浓硫酸倒入水中，千万不能把水倒入浓硫酸中，因为水的比重比浓硫酸的比重小，把水倒入浓硫酸中时，水容易溅出伤人。碳酸氢铵易挥发，不能将大袋碳酸氢铵放入温室内，防止黄瓜遭受氨气的毒害。应分装后带入温室内使用。

第四，黄瓜施用二氧化碳气肥后光合作用增强，要相应地改善肥水供应并加强各项管理措施，才能达到高产稳产的目的。

三、日光温室黄瓜灌水技术

(一)灌水原则

1. 看墒情灌水 要根据当时的墒情决定是否灌水,其依据是:土壤能用手握成团,土团落地能散开时应灌水;土团落地不散开时可暂时不灌水。绝不要根据天数决定是否灌水。同时灌水时不能过量,因为水的比热大,冬季灌水过量容易导致地温下降,还会使土壤透气性差,造成黄瓜沤根、生长缓慢、产量低。在需要灌水时只需在小垄沟内浇小水,而且灌水后要提高棚室内的温度,避免地温下降造成根系受伤。

2. 看苗灌水 应根据黄瓜外部形态表现,来判断土壤含水分多少决定是否灌水。育苗期叶片发黄,出现沤根,一般是地温低、水分过大;叶色绿、根色白,胚轴下不定根发生正常,说明温、湿度适合;成株期,瓜秧深绿,叶片有光泽、绿而平,秧头舒展,卷须伸展卷曲适度,开花节位离生长点 40～50 厘米,说明水分正常;龙头未展,叶包被较紧,开花节位距生长点 20～30 厘米,说明缺水;生长紧缩,出现花打顶,卷须短瘦且提早卷曲,说明严重缺水。秧头抬起卷须粗直,叶大而薄,开花节位距生长点 50～60 厘米,为水分过多的表现。看苗掌握水分情况进行适时灌水。

3. 按照生育阶段灌水 根据黄瓜不同生育期灌水是一般的规律。日光温室黄瓜在普灌底水的基础上,每株灌 1.5～2 升的定植水,定植后 5～7 天灌透缓苗水。待田间有 70%～80%的植株根瓜长到 10 厘米左右,瓜把发黑,瓜条即迅速生长时再灌水。若墒情好,这时期的水可延长到根瓜采收之前再灌。始瓜期植株矮小,叶面蒸腾量小,瓜数也少,通风量也小,一般 5～7 天灌 1 次水,灌水必须膜下轻灌;盛瓜期随着植株蒸腾量增大,结瓜数量增多,通风量增大，一般 3～4 天灌 1 次水，并增大灌水量；末瓜期植株趋于衰老，应酌情减少灌水次数和灌水量。采瓜期灌水应选在采瓜前灌水，这样使水多供果少供秧，以利于黄瓜增重和提高鲜嫩程度，又可避免空秧灌水导致疯长。

4. 根据气候特点灌水 冬季灌水一般要选择在晴天进行，灌后最好能有几个连续晴天。冬天或早春灌水应在上午进行，这时不仅水温、地温差距较小，地温容易恢复，而且还有充分的时间排湿。一般不宜在下午、傍晚灌水，特别是阴雪天不应灌水，否则易造成温室内湿度过大，引起病害大发生；中午也不宜灌水，以免高温灌水影响根系生态功能。夏秋季节应选在早晚灌水，这时天气炎热，日光温室可昼夜通风以便降温。

5. 使用先进科技灌水 就日光温室黄瓜而言，高温高湿或低温高湿，都是造成病害发生和蔓延的一个重要原因，使用传统粗放的大水漫灌方式，既容易降温又增大湿度。如果改用膜下滴灌，即用地膜覆盖，膜下铺设滴管(或滴灌带)，不仅地膜覆盖可以提高地温、改善近地光照，而且还可减少土壤水分蒸发，降低空气相对湿度，减少病害大发生。同时要注意灌水量，冬季定植时宜用 15℃左右的温水。平时水温则要求尽量与当地地温接近，一般使用井水灌溉最好。切忌使用河水或塘中的冰冷水。要掌握好灌水量，特别是冬季温室黄瓜严重缺水时，切不可灌水过量，否则土壤易缺氧而引起根系窒息烂根，使叶片发黄甚至死亡。

如果水温过低，必须想办法获取温水。获取温水的方法：①利用深层地下水。这种水的温度较地面水的温度高，适合冬季日光温室内灌水。可利用水泵提取深层地下水。②在日光温室内预热水。在日光温室内建一贮水池，池上用透光性能好的塑料薄膜覆盖，利用日光温室内的光照以及日光温室内多余的热量给水加温，待池水温度升高后再灌。③太阳能预热水。在日光温室顶部安装 1～3 部太阳能热水器，将加热后温度适宜的水贮存于日光温室内的水池内,灌水时从池内提水即可。

(二)主要灌水方式

1. 明水沟灌 沟灌是我国地面灌溉中普遍应用于中耕作物的一种较好的灌水方法。实施沟灌技术,首先要在作物行间开挖灌水沟,灌溉水由输水沟或毛渠进入灌水沟后,在流动的过程中,主要借土壤毛细管作用从沟底和沟壁向周围渗透而湿润土壤。同时,在沟底也有重力作用浸润土壤。但在日光温室中采用沟灌,一次灌水量大,地表长时间保持湿润,不但棚温和地温降低太快、回升较慢,且蒸发量加大,水蒸气不易散发,使温室内湿度较大,易导致黄瓜病虫害发生。因此,日光温室黄瓜不宜采用明水沟灌。但日光温室黄瓜在夏、秋高温季节不覆盖地膜的条件下,有时也可采用沟灌法灌明水。

2. 膜下沟暗灌 就是日光温室内所种黄瓜一律采取起垄栽培,在定植后接着用地膜将两垄覆盖,使两垄间成空间,灌水时控制在膜下进行,这一技术称为日光温室膜下暗灌技术。采用膜下沟暗灌要注意以下几点:一要注意灌水量适中;二要使小垄沟均匀受水,南北两头见水;三要及时封闭进水口,尽量避免水蒸气逸出。

膜下沟暗灌有3个优点:一是省水,易于管理。膜下沟暗灌技术比传统的畦灌节水50%~60%,比明水沟灌可节水40%左右;二是不增加日光温室内空气相对湿度,可减少黄瓜发病的机会。空气相对湿度小还可减少温室内起雾的机会,从而不影响光照,可迅速提高棚温。三是可减少土壤水分汽化损失,从而减少灌水次数。

采用膜下沟暗灌技术,要求膜下的灌水沟保持水平,防止灌溉不均匀。

3. 膜下滴灌 这是覆膜种植与滴灌相结合的一种灌水技术,也是地膜栽培抗旱技术的延伸与深化。它根据黄瓜生长发育的需要，将水通过滴灌系统一滴一滴地向有限的土壤空间供给，仅在黄瓜根系范围内进行局部灌溉，也可同时根据需要将化肥和农药等随水滴入黄瓜根系。作为一种新型的节水灌溉技术，它与地表灌溉、喷灌等技术相比，有着其无可比拟的优点，是目前最为节水、节能的灌水方式。

(1)膜下滴灌的供水　日光温室滴水灌溉用水多数为井水，但用提井水的泵直接向温室内滴灌供水，存在着同时供水而又多品种蔬菜不同时用水的矛盾。因此，日光温室滴灌的供水一般应选择以下几种形式。

①地下贮水池加微型水泵供水　对于每座日光温室，在日光温室外附近建5～7立方米地埋式蓄水池，用机井集中向池中供水，滴灌时每座温室装微型水泵加压，并在滴灌首部装过滤器等。就整体计算，投资较大，但就每座日光温室来说易建易管。

②地上贮水池重力供水　贮水池底部离地面0.5米以上，无须用水泵即可进行滴灌，并且能提高池内水温。贮水池与地面之间的压力差，即池内水自身的重力，通过滴灌管直接供水。可在滴灌首部装化肥罐和过滤器等。如在温室内建一个贮水池，不仅占用温室空间，而且投资大，操作又非常麻烦故不宜采取此方案。

③高塔集中供水　对于面积适中、温室集中、水源单一的地块，可选择用水塔作为供水时的加压和调蓄设施，温室内不再另设加压设备。在水泵与水塔的输水管道上装过滤器等。建设水塔一次性投资较大，但运行费用低，还可起到一定的调蓄水量的作用。

(2)膜下滴灌的应用

①滴灌毛管的选用　温室黄瓜密植栽培，根系发育范围小，对水分和养分的供应十分敏感，要求滴头布置密度大，毛管用量多，因而毛管选用价格较低的滴灌带，可有效地降低滴灌造价，且运行可靠，安装使用方便。

②膜下滴灌的布置　在滴灌进棚前，应顺棚跨起垄，垄宽40

厘米、高10～15厘米，做成中间低的双高垄，滴灌带放在双高垄的中间低凹处，垄上覆盖地膜。双高垄的中心距一般为1米，因而滴灌毛管的布置间距为1米。滴灌毛管的每根长度一般与棚宽(或棚长)相等，对需水量大的黄瓜有时也布置两道。支管布置一般顺棚的后墙长度与棚长相等。在支管的首部安装施肥装置和二级网式过滤器等。

③滴灌黄瓜的效益　日光温室膜下滴灌一般比大水漫灌节水70％左右，并能大幅度地降低温室内的空气相对湿度，因而可减少病虫害，提高黄瓜的品质。滴灌比大水漫灌棚温高，黄瓜可提前上市半个月，黄瓜产量可增产15％～30％。实行膜下滴灌投资回收期一般为4～6个月。

(3)膜下滴灌的管理

①规范操作　要想达到黄瓜滴灌的最佳效果，设计、安装和管理必须符合规范操作的要求，不能随意拆掉过滤设施和在任意位置自行打孔。

②注意过滤　日光温室膜下滴灌黄瓜，要经常清洗过滤器内的网，发现滤网破损要更换，滴灌管网发现泥沙应及时打开堵头冲洗。

③适量灌水　每次滴灌时间长短要根据缺水程度和黄瓜品种需水量决定，一般控制在1～4个小时。

(三)冬季黄瓜如何科学灌水

冬季温室灌水的适宜做法是小水勤灌，灌暗水，选择晴天上午灌水。

1. 小水勤灌　也就是每次灌水量要小，通过增加灌水次数来满足黄瓜正常的需水要求。小水勤灌的主要目的，一是保持温室较高的地温，二是保持黄瓜的正常生长需水。

2. 灌暗水　要坚持做到膜下暗灌，有条件的可实行膜下滴灌。这样可以有效地阻止地面水分蒸发,降低温室内的空气相对湿度,防止病害发生。

3. 灌水时间　最好选在晴天的上午进行,此时水温与地温比较接近,灌水后根系受刺激小、易适应,同时地温恢复快,有足够的时间排除温室内的湿气。午后灌水,会使地温骤变,影响根系的生理功能。下午、傍晚或是雨雪天均不宜灌水。

4. 升温排湿　在灌水的当天,为尽快恢复地温要封闭温室,提高室内温度,以气温促进地温。待地温上升后,及时通风排湿,使室内的空气相对湿度降到适宜的范围内,以利于植株的健壮生长。

5. 提倡隔行灌水　即第一天灌 2、4、6 行……第二天灌 1、3、5 行……这样做不致使温室内的地温一次性降低过大而影响生长。

(四)冬季黄瓜灌水后应注意的问题

冬季日光温室黄瓜灌水后,往往造成日光温室内地温度低湿度大,致使黄瓜生长不良、病害多发。因此,冬季日光温室黄瓜灌水后应加强管理,创造适宜黄瓜生长的环境,以保证黄瓜正常生长。主要应注意做到以下几点。

1. 注意提温　冬季日光温室黄瓜灌水后,应关闭通风口,提升温室气温,使温度比平时提高 2℃～3℃,以气温升高促地温回升,以促进黄瓜正常生长。

2. 注意排湿　日光温室黄瓜灌水后,应做好温室内排湿工作。其中提温就是一项有效的降低温室内空气相对湿度的好办法。可于灌水后关闭日光温室通风口,在日光温室提温的过程中,温室内的空气相对湿度也会相应地降低。待温室气温升高后,再逐渐打开通风口,进一步通风排湿。

3. 注意防棚膜结露　黄瓜灌水后,温室内湿气较大,棚膜很容易结露而影响日光温室的透光率。可对棚膜喷消雾剂或豆面水,消雾效果较好。

4. 用药时注意选用烟雾剂或粉尘剂 日光温室黄瓜灌水后温室内湿度本来就较大,此时若再喷施药液,会增加温室内的湿度。因此,黄瓜灌水后1～2天内,应尽量避免用药,必须用药时最好选用粉尘剂或烟雾剂。

5. 随灌水冲施肥时要注意防气害 菜农追肥往往配合灌水进行,在菜农追施的肥料中,其中有很多含氮量过高的肥料。这些肥料在冲施后会发生氨气,在冬季日光温室密闭的情况下,极易熏坏黄瓜。因此,冲肥后日光温室一定要注意适当通风,把有害气体排出温室外。此外,选择冲施肥时一定要选择含氮量较低的肥料,严寒阶段可停用这类肥料,以避免气害的发生。

第七章 日光温室黄瓜栽培管理经验与新技术

一、日光温室黄瓜定植方法要科学

黄瓜定植前后管理不当，是造成黄瓜缓苗慢、花打顶的重要原因。定植方法是否合理，直接关系到黄瓜定植后的生长。目前，黄瓜定植时存在很多问题，如采用平畦栽培、穴施的有机肥未腐熟、定植后灌水量过大等，严重地影响了黄瓜的生长。

（一）起垄定植

冬季光照弱、地温低，是影响黄瓜缓苗和生长的主要限制因素。遇连续阴雪天气，温室内光照、温度长期较低。若采用平畦栽培，不利于定植后地温升高，缓苗慢。冬季黄瓜栽培，起垄更具优势。这里的起垄定植是指起大垄。黄瓜定植在垄肩部位，沟要深一些、窄一些，以利于增加光照面积，提高地温。

（二）轻提苗

轻提苗可以明显减少黄瓜伤口，减轻病害发生，但不少菜农对这一点未引起注意。黄瓜育苗多使用穴盘，定植取苗时需注意，不能直接捏着茎秆将苗提出。而应轻捏穴盘下部，将苗坨取出。这样，不仅可以减少在茎秆上形成的伤口，还可以保护根系、减少断根，防止病原物侵染，减少病害发生。

(三)灌小水

很多菜农都有定植后立即灌大水的习惯,这种方法适宜在温度较高的夏、秋季节采用,在冬季则是弊大于利。灌大水将严重影响地温升高,使根系再生缓慢;冬季水分蒸发量小,大水使得较长时间内土壤水分过多、空气减少,透气性变差,影响根系发育,甚至造成沤根。

灌小水一般是隔行灌水,总量要少,为普通灌水量的1/3～1/2。冬季温度低、蒸发量小、需水量小,这种灌水方法是比较适宜的。如果条件允许,定植后单株灌水,既满足了缓苗所需的水分,又有利于保持较高的地温、促进缓苗。

(四)穴施生物菌肥

经过长时间的连作种植,土壤中的有害菌增多,病害易发生,影响根系的发育。定植时,黄瓜根系不可避免地要受到损伤,给土壤中的有害菌提供了很好的侵染机会。定植后的一段时间,也是病害发生最为严重的时期之一。为此,早施生物菌肥可以起到明显的防病作用。

穴施生物菌肥,可以增加土壤中有益菌数量,保护根际环境,维持土壤微生物平衡。而化学杀菌剂不仅杀灭了土壤中的有害微生物,也对有益微生物有害。虽然定植后的一段时间内病害不发生,但对根系的长期生长是不利的。

二、科学通风,调控日光温室环境平衡

(一)通风的作用

1. 降温 不论是越冬茬还是冬春茬黄瓜栽培,晴天中午时分

温室内气温如高达 40℃以上，这时植株体内多种合成分解酶、辅酶失去活性。作物代谢作用、光合作用停止，无干物质生成。高温时间过长，植物局部会受到热害，甚至会导致整株作物死亡。因此，需要通风以降低温室内的温度，将其控制在作物最适宜生长的温度内，一般应控制在 20℃～28℃。

2. 排湿　冬天温度低，温室内空气相对湿度增加，作物表面易结露。从半夜至早晨揭草苫前，空气相对湿度有时可达 100％。温室覆盖膜表面水珠凝结下滴以及室内产生雾气等，常使作物叶面太湿，易发生多种病害，因此应及时通风排湿。

3. 调节温室内气体平衡　农药分解出有害气体，粪肥释放出氨气，质量不好的地膜、棚膜还会释放出有害气体等，这些有害气体都会危害作物，应及时将其排出温室，使新鲜空气进入温室。同时，通风能及时补充温室内的二氧化碳，有利于作物的光合作用。揭开草苫后黄瓜见光 1 小时，温室内二氧化碳消耗已达到补偿点以下，所以及时通风是非常重要的。

（二）通风的方式

在冬季通风主要是靠通顶风来完成。在生产中，有些有经验的菜农通常采用“1 天 2 次通风”或“1 天 3 次通风”的方式进行，以起到排出温室内湿气和有害气体，补充温室内二氧化碳和降温的作用。

（三）通风的具体方法

不同的天气情况通风方法应有区别。在晴天，主要是控制温度。白天，上午温度达至 20℃时开始通风，下午温度降到 20℃左右时通小风，温度降为 18℃左右时关闭通风口。从傍晚至上半夜是作物养分转化和运输的主要时期，此时温度以 20℃～18℃最为适宜。下半夜植物呼吸作用加强，养分消耗较多，温度应控制在

15℃～13℃，以减少呼吸作用的营养消耗。在阴天，主要是在保温的情况下控制湿度。在气温不低于13℃的早晨通风半小时，中午较热时通风1～2个小时。傍晚通风半小时左右，之后盖帘子。在雨雪天或大风降温天，可在中午12时左右适当通小风半小时，既交换了气体，又使气温不陡然下降。千万注意不能只顾保温而忽视二氧化碳的补充，而影响了光合作用。

三、冬季日光温室黄瓜如何维持适宜的地温

适宜的地温是黄瓜优质丰产的基础。地温直接影响到黄瓜根系的伸长、衰老及对养分和水分的吸收功能。在一定温度范围内，温度越低，黄瓜根系的生命力和吸收能力就越差，更低的温度还会造成根系损伤。例如，地温低于16℃时，黄瓜根系对于磷的吸收就会受阻；地温低于12℃，黄瓜的根系生理活动会受阻，根毛脱落。在冬季，应科学地调控地温，为黄瓜生长发育营造温床。

（一）调控好温室内的温度

温室内的温度是影响地温的一个最重要的因素。提高温室内气温，可采取加厚草苫、盖浮膜、电灯泡增温、建棚中棚、采用水枕头增温法和挖防寒沟防寒等措施。只有在保证温室内有较高气温的前提下才能有较高的地温。因此，在深冬季节地温偏低的情况下，应将温室内温度提高，以气温促地温回升。

（二）合理灌水

一要注意灌水的时间。在冬季，一般应选在晴天的上午灌水，这样在灌水后土壤才有充分的提温排湿时间。二是要注意灌水量。一次性灌水过多，水温低、水的比热大，地温不容易恢复。因此，提倡灌水应少量多次。尤其在深冬季节，在地温过低的情况下

一次性灌水过大，很容易造成黄瓜沤根。在一般情况下，灌水后的当天和第二天要把棚温提高2℃～3℃。因此，冬季在温室内灌水一定要科学合理，有条件的地方最好使用微灌。

(三)注意盖地膜

地膜覆盖是一种增加地温的好方法，需要注意的是，地膜应适当晚盖，越冬茬黄瓜最好在立冬后盖膜，因盖膜过早不利于黄瓜根系深扎，在严冬棚温过低的情况下容易冻伤根系。

(四)栽培行覆草

在黄瓜栽培行内覆盖秸秆或稻壳粪是一项保持地温稳定的措施。秸秆或稻壳粪在发酵腐熟的过程中，释放的热量和二氧化碳要比作物秸秆高许多倍，很有推广价值。这一措施已被寿光菜农广泛采用。

四、冬天黄瓜日光温室什么时间通风好

在黄瓜日光温室中，晚上会积累较多的二氧化碳，这主要是由土壤中的有机质分解而释放出来的，也由黄瓜的呼吸作用而产生一部分。因冬天傍晚日光温室关闭，会使晚上棚中的二氧化碳积累到很高的浓度，通常有机肥充足的棚可达1 500毫升/米^{3}甚至更高，其浓度是空气中二氧化碳的5倍。所以，充分利用温室中的这些二氧化碳供应光合作用的需要，会使光合产物数量大幅度提高，明显增加黄瓜产量。这就要求菜农注意不能过早地通风，以免使温室中的这些二氧化碳逸出棚外而白白跑掉。据研究，揭开棚上的草苫后，在良好的光照条件下，温室中积累一夜的二氧化碳可供温室中黄瓜1小时左右的光合作用的需要，所以即使温度条件适宜通风，在拉开草苫后1小时之内也不要通风。过早通风会使

部分二氧化碳扩散到温室外，因而减少了光合产物的生成量。

如上所述，拉开草苫见光后，温室中的二氧化碳只够1小时所需。如果1小时后还不通风，温室中的二氧化碳已耗尽，则光合作用会停止。即使光照条件再好，也没有光合产物生成，白白地浪费了上午的大好时光，因此只要温度条件适宜，在揭开草苫1小时后就应立即通风，使温室外空气中的二氧化碳早进温室，使黄瓜的光合作用连续地进行。所以拉开草苫1小时以后不通风是完全错误的。有时因为温室外温度较低，为维持适当的棚温，可以把通风口从小到大分段加大。

五、合理调整叶片大小促使黄瓜高产

(一)合理指标

每667平方米达到2万千克左右的产量，中下部叶片直径不宜超过20厘米，节间平均长度不超过12厘米，总蔓长应在8米以上。叶片过小，达不到一定的叶面积系数，制造的有机营养就少，结瓜就会又小又少，产量自然不会高，并且很容易早衰。叶片过大、营养生长过旺，成为徒长型，当有机营养大量供应茎叶生长，流向瓜的养分势必减少，结的瓜就会瘦小。黄瓜叶片过大除了与品种有关，主要是由于管理不当造成的。如肥水过大、高温高湿等条件容易形成大叶片。

(二)管理措施

为达到上述生长指标，管理上要采取以下措施。

1. 要注意施肥种类及数量　基肥施用要足，每667平方米施鸡、鸭、猪粪10立方米左右，就无须再施高氮化肥。应施用高钾复合肥，每667平方米施100～150千克即可。根瓜采摘之前不宜再冲施化肥，以后冲施也以高钾复合肥为好，每次每667平方米冲施15千克。

2. 苗期控长控叶是基础　黄瓜3～4片叶开始花芽分化，是增加雌花数量和控制节间伸长、叶片扩大的关键时期，在减少肥水供应的基础上，炼苗是重要措施。强光照能缩短节间，使叶片变小变厚，减少遮荫、尽量增光。适度的低温能使叶片变小，白天温度控制在25℃左右、夜间12℃～15℃。适当喷施助壮素或矮壮素或多效唑，应按说明书减半施用，根据情况可连续使用2～3次。

3. 中期多种措施并举控制叶片的大小　苗期采取的措施都能用于中期管理，其特殊性在于中期田间郁闭，通风透光变差，加剧了叶片大而薄的程度。落蔓以后，大量的叶片铺在地面上，既不能进行光合作用，又争夺养分、传播病害、形成恶性循环，因此及时摘掉底部大叶、老叶非常必要。肥水管理要“少吃多餐”，不要一次用肥过多、灌水过足，以冲施有机肥和磷、钾肥为主。一旦发现节间长、叶片大，就要喷施激素药物控制，把叶片控制在适宜的范围内，才能达到优质高产的目的。

六、半夜降温以提高黄瓜产量

（一）半夜降温能增产的原理

绝大多数菜农都知道扩大昼夜温差能增产的道理，但没有根据这个原理采取具体措施，只是一般地关棚、拉棚，以不冻坏黄瓜为标准，其实这还是很不够的。

众所周知，黄瓜在白天阳光和二氧化碳充足、温度适宜的条件下，光合产物会大量生成，这可叫做“收入”；在夜间因无阳光、黄瓜光合作用停止，而其呼吸作用照旧进行，会消耗光合产物作为能源，这可叫做“支出”。由白天光合生成的产物收入减去夜间的呼吸消耗支出，剩余的可以被看作“积累”。这种积累越多，黄瓜的产量就越高。所以，栽培的主要任务是扩大收入，节省支出，增加积累。

是不是夜间把温度降下来就完成积累，万事大吉了呢？显然不对。夜间适当降温，可以降低黄瓜的呼吸强度，减少光合产物的消耗。但降温要有个限度，不是越低越好。过低的夜温会使黄瓜受冷害或受冻害，导致菜农不必要的损失。尤其是上半夜的温度不能降得过低。黄瓜白天进行光合作用产生的光合有机物需要在上半夜由叶片向根、茎、花、果等部位转移、运输，这种运输需要较高的外界温度，一般黄瓜为16℃～20℃，并最少需要4～6小时的时间。如果上半夜就把温度降下来，这会使叶部的营养外运受阻，时间不够也会影响营养外运数量，所以上半夜降温是错误的。这会造成光合营养在叶片中的积累，表面看叶片变厚、变黄绿色，这常会引发生长点伸长变慢，常形成“花打顶”。更严重的是因叶片中过多地积存了光合产物，“仓库”被占用，第二天再进行光合作用，其光合产物无处存放，而会使光合作用停止。所以，日光温室黄瓜上半夜是不适宜把棚温大幅度降低的，须等上半夜黄瓜叶片中的光合产物外运后方可降低温度抑制黄瓜呼吸、减少光合产物的消耗。

（二）半夜降温的具体操作

实际的降温操作可由菜农自己反复试验而确定方式方法，即确定何时关闭通风口，何时盖草苫。其主要目标是使温室温度第二天拉开草苫前达到适宜的温度的最低值。

首先，半夜通风不影响上半夜光合产物的外运；其次是半夜通风可参考中央电视台天气预报的情况进行，能按天气预报做出及时调整，在第二天好天时通风降温从低掌握，第二天天气降温或有雨雪天气时就可减少通风时间和强度，少降温或不降温，以适合第二天温度变化的要求。

在天气较冷的时段下半夜通风降温，要先做出本棚的试验。同时注意不能降温过急，时间以1小时左右使温度下降3℃～5℃为宜。然后关闭通风口（关闭风口后温度会有小幅反弹）。要通过这种人为的降温，使早上拉草苫时的温度在本棚黄瓜适宜温度的下限。温室之间保温性能差距也很大，应各温室各自先试验好，不能千篇一律。

综上所述，菜农要想增产，应该注意半夜降温管理的方法。对于自己的温室通过关闭通风口、盖草苫、通风降温等办法，保持白天与夜间有一个适宜的合理温度变化规律是很重要的。

七、如何正确做到“高温养瓜”

在黄瓜结瓜期把日光温室内的温度调控得稍高一些有利于瓜条的生长发育。但是，有不少菜农因为提温过度致使温室内黄瓜生长受到影响，不仅没能促进瓜条更好地生长，反而由此引发了一些问题。高温养瓜固然是好事，但不能盲目提温进行“高温养瓜”。“高温养瓜”要注意以下两个问题。

一是要认清什么是高温养瓜。所谓高温养瓜，是指在温室内二氧化碳浓度充足的情况下，温度越高，植株的光合效率就越高，瓜条得到的营养就越充分。温度达38℃时光合效率达最高。超过40℃植株生长就会受到影响，长时间超过40℃植株会出现萎蔫症状。可见，高温养瓜并不是温度越高越好。因此，在管理上应改温室内温度达30℃通风的管理方法为温室内温度达到35℃再通风，而不宜温度过高才通风。同时，高温还有利于地温的提高，并有助于防治霜霉病。

二是需要特别注意的是，“高温养瓜”除了要调控好温度外，还必须保持温室内较高的湿度和二氧化碳浓度。如果温室内土壤较干、湿度较小，那么在高温下植株会因水分供应不足而加速萎蔫。因此，在进行高温养瓜前，一定要保证温室内土壤较高的湿度，对于这一点，菜农们做得都很好，基本上都能做到及时灌水。另外，高温养瓜时温室内的二氧化碳要充足，这样才能提高植株的光合效率，使瓜条得到更充分的养分。因此，进行“高温养瓜”时，在保证温度适宜的前提下，要进行适度通风。在保温和通风的矛盾无法解决时，可通过补施二氧化碳气肥来解决。

八、科学管理，提高黄瓜商品性

（一）定植时穴施激抗菌 968 生物菌肥

根好叶好，瓜才好。发达的根系，可保证营养的充分供应，保证植株健壮生长，保证瓜条的商品性。若根部染病或根量少，则营养供应失调，不利于提高黄瓜瓜条的商品性。激抗菌 968 不仅可以菌抑菌预防土传病害，而且还能促根生长，有利于提高黄瓜瓜条的商品性。

（二）及时疏瓜，防止留瓜过密或过多

留瓜过密或过多，不仅容易造成营养供应不足而出现瓜条短、发育慢的情况，而且容易坠住棵子影响黄瓜的产量。因此，要及时疏瓜，一般以 3 片叶留 1 个瓜为宜，其目的是保证营养集中供应，促进瓜条和茎蔓的发育，从而确保瓜条的商品性。

（三）一次性落蔓不要过低

改变一次性落蔓过低的做法，以免造成有效叶片过少、光合产物供应不足而影响瓜条发育。一般每次落蔓以 0.5 米左右为宜，保证植株功能叶片在 12 片以上。

(四)及时摘瓜,避免瓜条过粗

商品性好的黄瓜一般要求瓜条长约 35 厘米,直径 2.5 厘米左右。若摘瓜时间过晚,则瓜条膨大变粗影响其价格,因此一定要及时摘瓜。一般蘸花后 7～8 天即能长成商品瓜,就应及时采摘。若 8 天后甚至更晚再采摘则瓜条变粗,商品性降低。

九、改越冬一大茬黄瓜为冬春二茬

越冬一大茬黄瓜定植时间一般在 9 月中旬前后,拉秧时间一般在翌年 6 月中旬前后,其生育期长达 9 个月。但是在实际生产中,随着茎蔓的不断伸长,黄瓜结瓜中、后期瓜条变短、结瓜减少,黄瓜产量和品质下降,效益降低。而将一大茬黄瓜改为冬、春二茬,利用新蔓结瓜,可保证黄瓜的品质和产量,提高了黄瓜的种植效益。

越冬一大茬黄瓜中、后期产量低、品质差的原因:一是随着茎蔓的不断伸长,水分和养分的运输渠道增长,不利于上部瓜条生长所需营养的供应;二是随着黄瓜生育期的延长,老化根系增多,不利于营养的输送;三是随着老化根系的增多,一些土传病害容易侵染根系,从而引起根部病害的发生,往往造成植株早衰或死亡;四是由于管理上多采用激素蘸花,黄瓜产量增加后,植株容易出现早衰。

将越冬一大茬黄瓜改为利用冬、春二茬新蔓结瓜,可以很好地解决上述问题,从而确保黄瓜植株的生长势,保证黄瓜优质高产,提高温室收益。但茬口安排一定要恰当,特别是春茬黄瓜一定要提早育苗,以防止结瓜时间推迟而影响产量的提高。其具体茬口安排如下。

冬茬黄瓜定植时间安排在 9 月中旬,拉秧时间在翌年的 1 月下旬，结瓜期为 100 天左右。

春茬黄瓜定植时间安排在 2 月上旬，拉秧时间在 6 月中下旬，结瓜期为 100 天左右。

这两茬黄瓜均可进行嫁接育苗，也可冬茬黄瓜嫁接，春茬黄瓜采用实生苗。根据春茬黄瓜嫁接与否，可确定在冬茬黄瓜结瓜期提前育苗的时间。嫁接育苗的可提前 45 天左右，不嫁接的可提前 30 天左右。

十、日光温室黄瓜结瓜期管理技术措施

黄瓜进入结瓜期后，肥水供应也就进入了高峰期。为保证黄瓜抗病高产，该阶段管理的方向是以提高产量为中心，以防病治病为重点，以温室内温度、空气相对湿度调控为主要措施。在实际生产中，抓好 3 项协调工作是管理的关键。

(一)各项管理工作协调的原则

1. 温度要与湿度协调　黄瓜结果期温度以 13℃～27℃为宜，土壤含水量以 85％～95％为宜，空气相对湿度以 70％～90％为宜。温、湿度都适宜是一种理想型的管理，实际上要达到既有利于黄瓜植株生长，又有利于防止病害的发生，难度很大。但是只要通过努力，尽量创造理想型管理的条件，就能基本实现理想型的管理。

2. 土壤湿度要与空气相对湿度协调　在晴天的条件下，按黄瓜的生理需求，空气相对湿度以 70％～90％为宜，因为黄瓜对较高的空气相对湿度适应能力较强，夜间空气相对湿度高达 95％～100％时也能忍受，但长时期的高湿会招致病害。当土壤水分充足时，即使空气相对湿度低于 70％，也能正常生长。黄瓜对土壤湿度要求严格，土壤湿度以 85％～95％为宜，高湿低温环境常会使

黄瓜根系呼吸困难，容易发生沤根。所以，在黄瓜管理过程中，适时适量灌水，勤中耕松土，就可以减少或避免类似情况发生。

3. 温、湿度条件要与控制病害协调　在温、湿度条件适合时，有利于黄瓜植株的生长。特别是处于黄瓜产量高峰期的植株，由于结果消耗大量营养，抗病能力减弱，在空气相对湿度高于70%的情况下，有利于病害发生。因而，要使温、湿度与控制病害相协调，就应按照“温度合适湿度不合适不容易得病，湿度合适温度不合适也不容易得病”的思路进行管理。

(二)管理技术措施

按照上述“三协调”的原则，温室黄瓜进入结瓜期后要采取以下技术措施进行科学管理。

1. 空气相对湿度的控制　此阶段施肥要氮、磷、钾及微肥满足供应，在足肥的情况下，土壤相对湿度要保持85%～95%，将空气相对湿度降至70%，这样的湿度对黄瓜植株的正常生长没有影响，而且还有利于抑制病害的发生。为了达到上述条件，应加强通风管理，可采用多次通风的方法。早晨，拉帘后1小时通风约20分钟，风口大小根据温度确定，然后关闭风口，等温度上升至30℃～32℃时再通风，这样有利于排湿，同时黄瓜霜霉病、细菌性角斑病等由于空气相对湿度下降，温度又处在不适于发病的温度区间内，这样的温、湿条件对控制病害发生和黄瓜植株正常生长、正常结果都有利。

2. 灌水量的控制　黄瓜要求土壤的透气性要好，虽然嫁接黄瓜的根系与未嫁接的根系相比明显增加，吸水吸肥能力得到了明显改善，抗病能力有了显著的提高，但是由于土壤湿度较高，土壤气体常显不足，进而影响根系的生长，因此灌水不能过勤。除看天、看地、看秧灌水外，还要注意灌小沟、灌小水。

3. 温度的控制　一般白天气温控制在26℃～28℃，最高控制在30℃～32℃，达到32℃立即通风。下午随着棚温的下降，20℃～23℃时关闭风口。前半夜应控制在18℃～15℃，后半夜在15℃～13℃。如果植株有徒长趋势，可以通过推迟关闭风口时间，适当降低后半夜温度2℃～3℃。

十一、黄瓜初瓜期的管理技术

从黄瓜生理上来说，其初瓜期是营养生长向生殖生长过渡的时期，植株体内的养分、水分等物质进行重新分配，特别是光合产物，不仅仅用于根系和茎蔓的生长，而且还要供给瓜条的生长、发育。

可见，黄瓜初瓜期对其自身而言，是一次较大的"生理转变"。此期菜农朋友要重点抓好以下4项管理技术。

(一)促根壮蔓补肥水

一般来说，在黄瓜生长前期，培育发达的根系、粗壮的茎蔓、深绿的叶片、旺盛的植株长势，都是为了日后促进黄瓜产量及品质的提高。凡是茎蔓粗壮的黄瓜，其植株体内积累的养分含量高，有利于瓜条的生长、发育。故此，黄瓜初瓜期的重点是加强肥水，促根壮蔓。其方案：其每667平方米冲施80～120千克968激抗菌或每667平方米用三元(20∶20∶20)复合肥15～20千克交替冲施，每15天冲施1次。

(二)调温增光促瓜长

适宜的温光条件，有利于瓜条的生长。其原因是随着温度的升高、光照增加，黄瓜光合效率呈正相关，制造的光合产物增加，相应地运输到瓜条上的养分量逐步增多，促进了瓜条的增长速度。因此，调温增光同样也是该期的管理重点。具体做法是：白天棚温控制在25℃～32℃，夜温在15℃左右，保持10℃以上的昼夜温差，防止徒长等情况发生。通过勤擦拭棚膜、温室外屋面上设置“除尘条”等措施，改善温室内光照条件。

（三）植株调整促生长

黄瓜初瓜期，通过有效的植株调整，塑造好的株形，能提高植株长势。一般来说，以“一抹、二掐、三盘头”的措施应用得较多。一抹，指抹除黄瓜下部叶腋处萌发的雄花及畸形瓜，这样一方面可减少养分消耗，另一方面也可防止其腐烂后遇到大湿度而感染病害。二掐，指掐除黄瓜茎蔓上的须，同样为了减少养分消耗，同时黄瓜须长大后，易缠绕周围黄瓜茎蔓，给吊蔓管理增加难度。三盘头，指要及时将黄瓜生长点下20厘米处盘绕在吊绳上，若盘绕过晚，不仅会影响黄瓜长势，而且易在人员来回走动时将其折断。

（四）选留根瓜要恰当

根瓜指菜农在黄瓜茎蔓上所选留的第一个瓜。生产实践证明，选留根瓜要“三看”：一看长势（长势弱，留根瓜晚），二看节位（以7～8片叶处为宜），三看茎蔓高低（要避免根瓜长大后着地，防止其变成弯瓜）。

十二、日光温室越夏黄瓜高产优质管理技术

近几年来，寿光菜农栽培越夏黄瓜的效益很好，所以越夏黄瓜栽培已经逐渐为多数寿光菜农所接受。越夏黄瓜的栽培是在高温、强光条件下进行的，其管理难度很大。根据寿光菜农的经验，在管理中要注意以下几点。

第一，越夏黄瓜多直播在前茬作物的垄上，待秧苗出齐后，为防地温过高熏蒸秧苗，可将原来的地膜撤去。当黄瓜秧苗长到

3～4片真叶时，可用 5 克增瓜灵(有效成分为萘乙酸)对水 6 升喷洒 4 000 株。待株高达 50 厘米以上时，除保留最上边的 3 个雌花外，其余叶芽和花全部摘除。当植株长到 1～1.5 米时，雌花开放后，蘸花前后适时摘心。

第二，一般在黄瓜第二至第三条瓜收获期间，可将主蔓摘心，健壮的侧蔓就会相继萌发并迅速生长，选择一条健壮无病的侧蔓作为主蔓进行更新培养。这样经过更新的主蔓长势粗壮、叶片大，结出的瓜品质好。待到更新的主蔓上摘完第二条瓜，可继续打头，继续选留健壮无病的侧蔓作为主蔓进行更新培养。如此反复进行，并适时落蔓。最后一次摘心选留主蔓时，如市场行情好，可以多留几个瓜，以增加产量，提高效益。

越夏黄瓜管理过程中不断进行摘心换头，保证了植株营养近距离运输，避免了叶小、茎细、雌花少的现象，瓜条能吸收到充足的营养，上色好、品质佳，也减少了落蔓次数。

第三，越夏黄瓜的生长期正值高温多雨季节，一定要及时防治细菌性病害，可选用 80%波尔多液、77%硫酸铜等铜制剂混合其他类防治真菌的杀菌剂进行喷洒。

十三、促生"回头瓜"增产增效技术

黄瓜回头瓜是指主蔓黄瓜采收末期在植株中下部结的瓜，即侧枝瓜。在生产中正确识别和充分利用黄瓜结回头瓜这一特性，可促使侧蔓结瓜，有利于提高产量，增加收益。

(一)回头瓜的识别

观察瓜柄基部有无小叶片，无小叶片的为主蔓瓜，有小叶片的为回头瓜。小叶片一般无叶柄，形状为三角形或剑形，大小仅几毫米至几厘米。

1. 比较瓜纽的大小　黄瓜果实在植株上从下向上依次发育，一般下部瓜纽比上部的发育早，开花坐果早。回头瓜因是侧枝所生，故发生较晚，比其上方的主蔓瓜纽小。

2. 看发育状况　一般主蔓瓜子房肥大，发育良好，开花后瓜条发育快；而回头瓜因是侧枝瓜，一般子房较短，显得瘦小，瓜条短粗。

3. 看着生节位　回头瓜着生节位有两种情况：一是着生在雄花节上，本节位雄花簇生，有 10 朵以上，回头瓜着生在中间，雄花大量开放后回头瓜才开始迅速发育；二是着生在雌花节上。如果子房大小相近，通常均为主蔓瓜；如果大小差异较大，就需要再观察较小瓜纽基部有无小叶片，有小叶片的为回头瓜，无小叶片的为主蔓瓜。

(二)促生回头瓜的方法

一是在黄瓜进入结瓜中后期时，及时补充肥水。在主蔓瓜生产旺季，每次摘瓜后要及时补充水肥，每 667 平方米可用三元(20：20：20)复合肥 15～20 千克进行冲施，供应主蔓瓜条膨大和侧蔓萌发所需的养分。同时还要及时地使用硼肥、铁肥、镁肥等叶面肥，促进植株健壮生长，为中后期促生回头瓜打好基础。

二是选留回头瓜。当主蔓结瓜减少时，就要选留回头瓜。对植株中上部侧蔓上产生的回头瓜，应在瓜上方留 2 片叶后摘心，促进瓜条发育。当结瓜中后期的主蔓高度接近吊蔓钢丝的高度时，及时将主蔓的生长点摘除，促进侧蔓发生，增加回头瓜的数量。

三是促进回头瓜生长。在回头瓜膨大期间，应及时追肥灌水，促进回头瓜的生长，提高产量。在回头瓜坐住后，每 667 平方米追施尿素 20 千克，每 3～4 天灌 1 次水。黄瓜前期以主蔓结瓜为主，对植株中上部的侧蔓上的瓜，应在瓜上方留 2 片叶后摘心；当主蔓达到温室顶部时，及时将主蔓摘心，促进回头瓜生长。

十四、采用套袋新技术使黄瓜笔直而不弯

以前某些菜农在生产中使用激素(如赤霉素或细胞分裂素)来促进瓜条的快速长直。其实使用激素的弊端很多,如激素浓度掌握不好将影响瓜条的正常生长,还降低了黄瓜的品质。在此情况下,黄瓜套袋技术应运而生,经反复实践后,寿光菜农利用此项新技术做到了瓜条笔直。黄瓜套袋技术既安全又能保证黄瓜顶花带刺,笔直好看,而且黄瓜品质良好。

黄瓜套袋技术的具体方法:当小黄瓜长到 5~8 厘米时,给它套上一个长 35 厘米、直径约 6 厘米的聚乙烯膜的长形筒状塑料袋,袋体上端为套入口,套口宜小不宜大,下端留有一个透气孔。套袋时先用嘴吹开袋口,再将瓜条套进袋内,然后固定袋口,并将袋体拉平,黄瓜便可在套袋的保护下生长,这样长出的黄瓜瓜条笔直。

黄瓜套袋后长出的黄瓜成为市场的抢手货。其优点如下:无农药残留;直接阻止害虫叮咬;防止病菌侵染,可生产出绿色安全的黄瓜;瓜条顺直美观,粗细均匀一致,商品性好,畸形瓜少;生长速度快,比不套袋的黄瓜能提早 1~2 天上市。采用套袋技术的黄瓜采摘后,带着袋贮藏,因为袋内常有水汽存在,空气湿度大,所以贮藏期长、保鲜期长,而且耐运输。带着袋采摘后,可连同袋一起包装上市,这样可保护刺瘤不被破坏,可将其直接送往超市或大酒店,比其他黄瓜价格每千克高出 0.6~1 元。

十五、按叶留瓜,培育精品瓜

在留瓜时,很多菜农都是看着哪条小瓜好看就留哪条,而不管几片叶养 1 个瓜。很多菜农为了提高产量,隔 2 片叶就留一个瓜,

但由于叶片制造的营养不能满足瓜条生长的需要,致使瓜条生长慢,畸形瓜多,价格低。而且,一次坐瓜过多,营养消耗过大,植株长势弱,产量反而更低,甚至使植株蔫死。因此,应该按照天气条件,合理调整留瓜数量,一般每隔 3～4 片叶留一个瓜比较正常。

在按叶留瓜的基础上,还有一点需要特别注意的是落蔓不可过低。生产实践表明,一棵黄瓜要想产量比较高,其功能叶应为 16～20 片,这就要求黄瓜落蔓后高度应维持在 1.6 米以上。如将蔓子落得过低,功能叶过少,光合产物不足,瓜条生长得不到充分的营养保障。

十六、合理蘸花,培育精品瓜

黄瓜蘸花药在保花保果、降低畸形果发生率、提高产量、改善品质等方面起到了非常显著的作用。目前,黄瓜蘸花的主药一般是高效坐果灵(有效成分为吡效隆)。因为温室环境、蘸花习惯等不同,各生产者最适合的蘸瓜药配方是不一样的。暂且不谈蘸花药的优劣,单说蘸黄瓜花的方法,很多菜农就没有把握好。

首先,时间把握不准。蘸花过早,即在黄瓜刚刚看到有花蕾时就蘸,容易"哑巴",即花不开。蘸花过晚,则黄瓜花容易脱落,达不到鲜花黄瓜的标准。正确的蘸花时间是在黄瓜花稍微发黄不绿时进行。

其次,用量过大。蘸花时,一定要注意药液的使用量不要过多,以避免滴到植株生长点上或叶片上,发生激素中毒。如果将药液滴落到黄瓜的嫩枝、嫩叶及生长点上,很快会出现萎缩中毒现象,从而产生药害。同时,多次使用易造成激素积累中毒。

再次,蘸瓜部位不合理。有些菜农只蘸了蘸黄瓜头,这样易产生畸形瓜。若是鲜花黄瓜,花还容易脱落,瓜的生长也会受到抑制,达不到客户对鲜花黄瓜的需求标准。药剂也不能一直蘸到瓜根处,否则药剂通过根部向植株本身传导,容易导致激素中毒。正确的蘸瓜应蘸到瓜条的2/3处为宜。另外,蘸花药剂的浓度要随着温室内的温度有所变化,温室内温度高时,蘸花药浓度要低一些;温室内温度低时,浓度要提高一些。

十七、深冬季节黄瓜根系养护技术

冬季尤其是深冬季节一定要注意养护好黄瓜的根系,使其根深叶茂多结果。主要应做好以下4点。

(一)保持地温的恒定

适宜的地温是维持黄瓜根系正常生长的关键。黄瓜根系生长最适宜的温度是20℃～22℃,最高温度是28℃,最低温度是8℃。如温度低于12℃,根系生理活动受阻;低于8℃,根系基本停止生长;5℃以下,根系容易受冻而死。因此,在管理中一定要根据黄瓜品种调节好地温。如冬季地温过低时,一是要提高温室内温度,以气温促地温回升;二是要在冬季温室内采取全地膜覆盖,也可在黄瓜的操作行内铺作物秸秆等酿热物,保温效果较好。

(二)合理灌水施肥

灌水不合理,土壤过干或过湿,对根系影响都很大,尤其是中午地温高时突然灌水,最容易导致毛细根受伤。因此,最好选在上午10时前灌水,每次灌水量不要过大,切忌大水漫灌,尤其深冬期要特别注意。土壤见干见湿时要及时划锄,以增加土壤的透气性,促进根系的生长发育。施肥切忌一次施用过量,以免造成烧根。尤其要注意深冬期不能冲施含氮量过高的肥料,防止挥发的氨气熏坏黄瓜。

(三)施用生物菌肥

生物菌肥有改良土壤结构,增强土壤肥力,抑制土传病害的功效,因此追肥时一定要注意生物菌肥的配合施用。如每 667 平方米每次可追施芽孢杆菌类生物菌肥 30～40 千克,对黄瓜根系的养护具有显著效果。

此外,还要严防土传病害和地下害虫的为害。对防根腐病等土传病害可用 72.2%霜霉威 600 倍液+琥珀酸铜 500 倍液灌根;对根结线虫病可每 667 平方米地撒施 10%噻唑磷颗粒剂,或用 1.8%阿维菌素 4 000 倍液灌根。为害黄瓜根系的害虫主要是蛴螬、蝼蛄、金针虫、地老虎等,可用 50%辛硫磷 800 倍液+48%毒死蜱 800 倍液提前灌根预防,均具有良好的效果。

十八、促使黄瓜连续结瓜的管理技术

(一)植株调整

黄瓜栽培要想高产,首先茎蔓必须要健壮,即结瓜前一定要培育壮株,进入结瓜期后,随着植株的生长,要对植株及时调整,必须保证植株上的功能叶达 16 片。如果黄瓜功能叶少了,光合产物就少,就不足以供应瓜条生长所需的养分。落蔓时,一次落蔓不能超过 20 厘米,以免一次落蔓过长,叶片骤然减少,将影响底部瓜条的生长发育。在落蔓时将老叶、病叶、卷须摘除,以防止它们争夺养分。据有关资料介绍,2～3 个卷须就能消耗一个瓜条生长所需的养分。

(二)肥水管理

少用化肥,多用有机肥或生物菌肥。生产中,冲施充分腐熟的人粪尿,效果较好,一般每667平方米每次冲施约350千克的人粪尿和少量复合肥。灌水时不仅要根据天气情况,同时还要根据植株的长势。在黄瓜生长后期,要注意喷施,丰收一号(主要成分甲壳素)、爱多收(2.85%硝·萘酸水剂)、云大120(芸薹素内酯)等叶面肥。喷施叶面肥不仅可以给叶片补充大量养分,还可以增强植株抗性,防止黄瓜早衰,提高黄瓜的连续坐瓜能力。

(三)病害防治

防治病害是为了保护叶片正常生长,保证茎蔓健壮。霜霉病、蔓枯病、细菌性角斑病是近年来危害黄瓜生长的三大病害。其中霜霉病和细菌性角斑病主要危害黄瓜叶片,使叶片功能降低,可使用霜霉威、烯酰吗啉等药剂防治霜霉病,混加琥珀酸铜、春雷·王铜等药剂可综合防治细菌性角斑病。蔓枯病不仅能危害叶片,还危害茎蔓,可将异菌脲等药剂调成糊状涂抹在病部,结合喷药淋茎防治效果更佳。

十九、延长一大茬黄瓜结瓜期的技术

一年一大茬黄瓜进入生长后期后,如果黄瓜价格仍维持在较高水平,为了争取更高的效益,应该努力延长黄瓜的结瓜期,要做好以下3项工作。

(一)落蔓要"小动大不动"

随着温度的升高,温室内黄瓜长得较快,不少菜农为图省事,一次性将茎蔓落得很低(1.1～1.3米),植株上仅有13片功能叶,而黄瓜要完成正常的光合作用,需要16～20片功能叶,才能满足其需要。所以,将黄瓜蔓落得过低,不能满足黄瓜正常的光合作用,积累的光合产物就少,而这些光合产物会优先供应瓜条生长,这样根系就得不到充足的营养，导致根系早衰，最终造成黄瓜植株早衰。因此，落蔓时要把握“小动大不动”的原则，将黄瓜蔓落到1.6米左右，保证黄瓜植株能完成正常的光合作用，并做好养根工作。如果发现根系很差，可适当灌施一些生根剂加以调节。

(二)扩大昼夜温差

随着天气变暖，揭盖草苫时间应有所调整。如果菜农还依据冬天时间进行揭盖草苫，就会导致温室内夜温过高。而温室内夜温过高，势必会增加黄瓜的呼吸消耗，黄瓜制造的光合产物难以满足植物生长的需要，导致植株生长减弱。对此，应根据天气情况及时调整揭盖草苫、通风时间，如果傍晚温室内温度依然很高，可在晚饭后再去盖草苫，尽量扩大昼夜温差，将温差保持在15℃左右，以增加光合产物积累。

(三)增加氮、钾肥的施用，暂停蘸花药物

黄瓜生长后期，为避免出现早衰现象，应暂停蘸花药物，因为蘸花药物对植株来说都有一定抑制作用。结合灌水随水冲施高氮高钾的肥料，以促进植株和瓜条生长。

二十、日光温室黄瓜根系培育技术

在日光温室黄瓜生产中，多数人把注意力放在改善光、温、气等空间条件上，而对改善土壤环境，为黄瓜创造一个有利于根系发育和保持其旺盛活力的工作不够重视。俗话说“根深才能叶茂”，培育发达且具有旺盛生命力的根群，是保证黄瓜获得高产优质的重要措施之一。但是，近年来由于化肥的大量不合理使用，使得很多温室的土壤都出现土壤板结、盐碱化以及土传病害增多的现象，抑制了黄瓜根系的正常生长发育，降低了黄瓜的产量和品质。因

此可采取以下几项措施,培育日光温室黄瓜发达的根系。

(一)深翻土壤,增施充分腐熟的有机肥

对土壤进行深翻是消除土壤板结、增加活土层的基础。在深翻的同时,大量施入充分腐熟的有机肥,不仅可以给黄瓜提供长效的多元素营养,同时还可以改良土壤结构,提高土壤理化性能,为黄瓜的生长提供具有良好通透性和缓冲能力的土壤条件。

(二)培育多根苗和保护好幼苗根系

黄瓜的基本根系是在育苗期形成的。育苗期间,培育根系发达的秧苗,并在育苗过程和移栽时保护好这些根群,不仅可提高成活率和缩短缓苗期,也为早熟高产奠定了良好的基础。从护根的角度来看,因为黄瓜根系木质化程度高,发生木质化时间早,伤根后难以再生,所以采用穴盘、营养钵、塑料筒或纸袋等容器育苗是非常必要的。同时,黄瓜茎基部有生不定根的能力,尤其是幼苗生不定根的能力强,不定根有助于吸收肥水,因此栽培上常有“点水诱根”之说。在栽培过程中,茎基部经常形成一些根原基,采取有效措施,创造适宜诱根环境,促其根原基发育成不定根,有助于植株生长发育。育苗期间的“炼苗”、定植后的“蹲苗”都可以诱发新根的产生和深扎。

(三)采用科学配方施肥技术

不同的肥料对根系的发生与发展作用是不一样的。例如,钙直接影响根尖分生组织的成长,锌决定根尖的生长速度,磷能促进根系细胞的分裂、增殖和伸展。因此,在苗床、栽培地施肥时都要注意施用过磷酸钙和硫酸锌。如果在使用过磷酸钙肥料时添加一定数量的食用醋,可形成具有一定溶解度的醋酸钙,能提高黄瓜对钙的吸收利用率。

(四)注意保护好根系

根系在其生命过程中会因低温、高温、积盐、“肥烧”和机械损伤等而受到伤害。低地温时，根系会发生寒根和沤根；高地温会使根系过快地衰老；土壤的高溶液浓度会使根尖和根毛受到损伤和抑制，使根系的吸收能力大大降低；施肥不当或不适宜的中耕松土可能会直接使根系受到损伤。因此，在温室黄瓜的生产中，在深翻土壤、增施充分腐熟的有机肥的基础上，适时播种，适期嫁接、定植，适时覆盖和揭除地膜，采用科学配方施肥技术和中耕松土等，都是保护根系的重要措施。

(五)及时促进受害根系的恢复

在温室黄瓜的栽培中，黄瓜的根系一旦受到伤害，要尽快采取措施促使其恢复，要针对发生的病害种类选用适宜的药剂进行灌根处理，同时加入生根壮苗剂促发新根。另外，在日常管理过程中可以使用生物菌肥或甲壳素等预防病害的发生。

二十一、黄瓜袋装无土栽培技术

袋装无土栽培技术是指用基质代替天然土壤，根据不同蔬菜作物所需的营养配方使用营养液灌溉植物根系的一种无土栽培技术。该技术从荷兰引进，目前在山东寿光洛城绿色食品基地已有应用，并取得很好的经济效益和社会效益，也为我国发展无公害和绿色蔬菜生产开辟了一条新的路子。黄瓜袋装无土栽培技术措施包括以下 3 个方面。

(一)配套设施及栽培系统

1. 配套设施　袋装无土栽培系统要想充分发挥其作用和效

果，必须配套以保护设施，即必须在保护地中栽培，而且环境最好有一定的调控能力。另外，必须有充足的水源。如用旧大棚改造，则必须彻底清理干净，进行高温闷棚，同时用臭氧或紫外线充分消毒。

2. 栽培系统

(1)栽培袋　可选用外白内黑的双色聚乙烯膜制成直径 2 厘米、长 1 米的袋子，将袋子南北向双行排列，铺聚乙烯膜与土壤隔离。在栽培袋上部均匀地划开 2 个十字小孔以备定植用，下部距底 5～10 厘米处开一个小圆孔作为过剩营养液排泄孔。

(2)灌溉系统　每 2 行栽培袋之间铺设滴灌支管 1 条，每个定植孔处设一个滴剂，其他供水管道可用金属或塑料管制成，滴灌压力可利用水泵或重力差来解决。

(3)栽培基质比例　稻壳：石英岩＝3∶1。

(4)肥料配比　首先要对灌溉水进行化验分析，根据水质成分制定营养液配方。日光温室黄瓜营养液配方：硝酸 390 毫升/$米^3$、磷酸二氢氨 144 克/$米^3$、硝酸钾 607 克/$米^3$、硫酸钾 65 克/$米^3$、Fe-EDDHA6.5 克/$米^3$、Mn-EDDHA3.9 克/$米^3$、硫酸锌 1.4 克/$米^3$、硼酸 2.4 克/$米^3$、Cu-EDDHA0.3 克/$米^3$、硫酸钠 0.1 克/$米^3$。营养液电导率为 3。

(二)栽培管理

1. 育苗　采用 3 厘米×3 厘米穴盘育苗有利于避免土壤传病，选用草炭土作基质。用处理过的露白黄瓜种子播种育苗，每个穴盘 1 粒种子，然后用草炭土覆盖。当幼苗具 5～6 叶 1 心、株高为 15～20 厘米、苗龄为 30～40 天时，即可定植于栽培槽中。

2. 定植前的准备　将基质按比例调好，每 4 立方米基质中混入 250 毫升亿安神力（由光合菌、酵母菌、乳酸菌、放线菌、芽孢杆菌等菌群组成，山东亿安生物工程有限公司生产）发酵 7～10 天后装袋并按一定行距摆放整齐。

3. 定植　将幼苗定植在栽培袋中，每袋2株，最好互相交错，定植后要立即滴营养液。

4. 日常管理　与一般栽培方式相同，注意加强温、湿度的控制。

5. 灌溉与施肥　视温、湿度情况定期滴灌，也可采用电脑自动控制。

6. 病虫害防治　可采用臭氧防治仪或紫外线杀毒仪进行灭菌，用防虫网封闭通风口以防止害虫传播。

（三）袋装无土栽培成本与效益分析

1. 生产成本低　袋装无土栽培系统每667平方米投资为：袋膜1 200个×2元＝2 400元，隔离膜1 000元，滴灌设备6 000元，稻壳45立方米×45元/米^3＝2 025元，石英岩15立方米×80元/米^3＝1 200元，亿安神力200元，营养液250立方米×7元/米^3＝1 750元。由于栽培系统建好后可多年使用，根据不同使用年限折旧后，每年的生产成本约为5 000元。

2. 经济效益高　以拉迪特黄瓜为例，每667平方米产1万千克，由于通过袋装无土栽培生产出的黄瓜品质好，市场平均价3元/千克，则销售收入为3万元，扣除生产成本0.5万元及棚膜、人工等费用0.5万元，则每667平方米纯收入为2万元。其利润相当可观，所以有机生态型无土栽培的发展前景广阔。

第八章　日光温室黄瓜病虫害防治技术

一、侵染性病害

1. 霜霉病

【症　状】　发病初期，叶面出现水渍状斑点并逐渐变黄绿色，病斑扩大后，受叶脉限制呈多角形斑块，最终变成黄褐色，病斑连片。叶片枯死。空气相对湿度大时，病叶背面生成一层黑霉，在干燥环境或喷药后霉层易消失。此病一经发生后，蔓延很快，病叶枯黄，瓜条生长缓慢，早衰减产，甚至毁园。

【发病规律】　病原真菌在土壤中越冬，孢子或气传孢子为霜霉病的初侵染源。一般气温为16℃～20℃，叶面结露或有水膜，是霜霉病菌生长的最适条件。温度为20℃～26℃，空气相对湿度为85%以上，是霜霉病菌生长的最适条件。因此，天气忽冷忽热，空气潮湿，昼夜温差大，将预示着霜霉病的发生与蔓延。

【防治方法】

(1)农业防治　与非瓜类作物进行5年以上的轮作；定植前日光温室用5%百菌清烟剂熏蒸；栽培畦定植前用25%甲霜灵可湿性粉剂750倍液喷淋。

(2)生态防治　叶面上凝结的水珠是霜霉病等病发生的先决条件，叶面结露再加上适宜的温度，病害就会迅速蔓延。根据病害发生规律和黄瓜对温、湿度的要求，在上午、下午、前半夜和后半夜进行不同的温、湿度管理，可有效地控制病害发生。具体做法是：早上在室外温度允许的情况下，通风1小时左右以排除湿气；上午密闭温室，温度提到28℃～32℃（但不超过35℃），这样有利于黄瓜进行光合作用，并抑制霜霉病、黑星病、灰霉病的发生；中午、下午通风，温、湿度降至20℃～25℃和65%～70%，保证叶片上无水滴，这样温度虽然适于病毒萌发，但湿度条件绝对限制了病毒的萌发；夜间不通风，空气相对湿度上升至80%以上，温度却降到11℃～12℃，湿度适合，但低温却限制了病菌的萌发，并且有利于黄瓜植株减少消耗，积累养分。同时，要科学灌水，必须选晴天早上灌，灌完后密闭温室，将温度提到40℃左右，闷1～2小时后通风排湿，夜间还要通风降湿，使黄瓜叶上没有水滴或水膜。

(3)营养防治　试验证明，当黄瓜植株内可溶性氮和含糖量降低时，霜霉病就发生，如果在短期内向黄瓜叶面喷布尿素和糖（尿素0.2千克＋糖0.5千克对水50升），就可以提高体内汁液的浓度，大大减轻病害的发生。在生长盛期每隔5天喷1次，连续喷4～5次，一般在早晨喷于叶背面。

(4)物理防治　霜霉病菌在28℃以上时侵染不力，45℃时就停止活动而渐渐死亡。因此，可进行高温闷棚以抑制和杀灭病菌，控制病害的发生。具体做法是：在准备闷棚的前一天灌足水，并适当提高夜温，减少地温散失，有利于瓜秧耐受高温。闷棚前喷施1次杀菌剂，因为在高温时病菌抵抗力低，这时喷药能最大限度发挥药效。闷棚必须在晴天进行，早晨揭苫后封严日光温室，事先不能通风排湿，避免闷棚时高温灼伤上部叶片。闷棚时在温室内中部的黄瓜秧生长点的高度，分前、中、后各挂上1支温度计。9～10时温室内温度急剧上升，然后每隔15～20分钟观测1次温度，当温度上升至45℃时就开始记录，连续2小时保持在45℃，最高不得超过47℃，温度低于43℃效果不明显。同时，还要观察瓜秧的表现，当温度升至44℃～45℃时，生长点以下的3～4片叶应当向上卷，生长点斜向一侧。这说明一切正常，可继续闷下去。当温度超过45℃，闷棚的时间又没到2小时，注意千万不要开通风口通风降温。因为通风的同时要排出大量湿空气，如果继续闷棚就要灼秧。闷棚时间到达后，一定要从顶部慢慢加大通风口，使室温缓慢下降。高温闷棚1次，一般可控制黄瓜霜霉病7～10天。所以，应根据病情每隔10天左右闷棚1次，这样才能起到防病作用。闷棚后可以从病斑及霉层上判断其效果：病斑呈黄色干枯状，病斑背面霉层干枯或消失，说明效果好，病情已得到控制。但若病斑周围出现不规则水浸状黄绿斑、叶背面霉层新鲜呈灰黑色，说明效果不好，病情仍在发展扩大中。此时应查找原因，迅速采取其他防治措施。

(5)药剂防治　喷洒5%百菌清粉尘剂，每667平方米喷1000克，每8～10天喷1次，共喷4～5次。在中心病株初见时应立即用20%百菌清、腐霉利复合型烟雾剂熏烟防治，每667平方米用药250克，每隔7天熏1次，连熏4～5次。霜霉病初发期，发现中心病株后，在碗中配制恶霜·锰锌或百菌清等药液，浓度为正常喷施浓度的2～3倍，将病叶整片浸入药剂中1～2秒，2～3天后病斑即干缩，这种方法可使病叶继续留在植株上，不减少光合面积，同时又避免了喷雾造成温室内空气相对湿度过大的问题；采用72%霜脲·锰锌可湿性粉剂600倍液，或72%霜霉威水剂600倍液喷雾，发病初期每5～7天喷1次，连喷2～3次。

2. 靶斑病

【症　状】 病菌以危害叶片为主，严重时蔓延至叶柄、茎蔓。叶正、背面均可受害，叶片发病，起初为黄色水浸状斑点，直径1毫米左右。当病斑直径扩展至1.5～2毫米时，叶片正面病斑略凹陷，病斑近圆形或稍不规则，有时受叶脉所限，为多角形，病斑外围颜色稍深，黄褐色，中部颜色稍浅，淡黄色，患病组织与健康组织界限明显。发病中期病斑扩大为圆形或不规则形，易穿孔，多为圆形，少数多角形或不规则，叶正面病斑粗糙不平，病斑整体褐色，中央灰白色、半透明。后期病斑直径可达 10～15 毫米，圆形或不规则形，病斑中央有一明显的眼状靶心。空气相对湿度大时，病斑上可生有稀疏灰黑色霉状物，呈环状，为病菌的分生孢子梗和分生孢子。严重时多个病斑连片，呈不规则状，叶片干枯死亡。重病株中下部叶片相继枯死，造成提早拉秧。

【诊断要点】　靶斑病的典型症状与细菌性角斑病的重要区别是：靶斑病病斑叶两面色泽相近，湿度大时上生灰黑色霉状物，而细菌性角斑病叶背面有白色菌脓形成的白痕，清晰可辨，两面均无霉层。靶斑病与霜霉病的区别是靶斑病病斑枯死，病健交界处明显，并且病斑粗糙不平，而霜霉病病斑叶片正面褪绿、发黄，病健交界处不清晰，病斑很平。

【发病规律】　温暖、高湿有利于发病。发病温度为 20℃～30℃，空气相对湿度 90%以上。温度为 25℃～30℃、湿度饱和时，病害发生较重。黄瓜生长中后期高温高湿，或阴雨天较多，或长时间闷棚、叶面结露、光照不足、昼夜温差很大等均有利于发病。

【防治方法】　加强栽培管理，科学灌水，小水勤灌，避免大水漫灌，注意通风排湿，增加光照，创造有利于黄瓜生长发育而不利于病菌萌发侵入的温度、湿度条件。药剂防治：可用 0.5%氨基寡糖素 400～600 倍液喷雾预防。发病后用 25%嘧菌酯悬浮剂 1 500 倍液，或 40%嘧霉胺悬浮剂 500 倍液，或 25%咪鲜胺乳油 1 500 倍液，或 40%氟硅唑乳油 8 000 倍液，或 40%腈菌唑乳油 3 000 倍液喷洒，每隔 7～10 天喷 1 次，连喷 2～3 次。发病严重时，加喷铜制剂，可喷施 30%硝基腐殖酸铜可湿性粉剂 600～800 倍液，作叶面喷雾，轮换交替用药。在药液中加入适量的叶面肥效果更好。喷药重点是中、下部叶片。

3. 疫　病

【症　状】　苗期发病，多从嫩茎生长点上发生，初期呈现水渍萎蔫,最后干枯成秃尖状。叶片上产生圆形或不规则形的暗绿色水渍状病斑,边缘不明显,扩展很快,湿度大时腐烂,干燥时呈青白色,易破碎。茎基部也易感病,造成幼苗死亡。成株期发病,主要在茎基部或嫩茎节部发病,先呈水渍状暗绿色,病部软化缢缩,其上部叶片逐渐萎蔫下垂,而后全株枯死。瓜条发病时,形成暗绿色圆形凹陷的水渍状病斑,很快扩展到全果,病果皱缩软腐,表面长出灰白色稀疏的霉状物。地上部症状和枯萎病相似,二者区别的方法是:剖开根、茎部导管,变黑褐色为枯萎病,不变色的是疫病。

【发病规律】 属土传病害,病原真菌在土壤或基肥中越冬,主要通过雨水或灌溉水传播。病原菌可直接从表皮侵入,寄主染病后,病斑上的菌丝在水中约6小时就可产生孢子囊和游动孢子,又靠雨水或灌溉水进行再侵染。据报道,温度25℃左右,在有水滴存在的条件下,病菌侵染循环1次只需要20～25小时,所以黄瓜疫病在灌水时蔓延很快。

【防治方法】 ①农业防治。与非瓜类作物实行3年以上轮作;使用嫁接苗,用黑籽南瓜作砧木,防效达90%;采用高畦栽培,可避免根部接触水,再覆盖地膜,可减少土壤病菌或灌溉水飞溅射到植株上,以减轻病害的发生;苗期控制灌水,进入结瓜期后应保证供水,如发现有病株,适当停止灌水,降低土壤湿度,控制病害蔓延;发现病株马上拔除,带出田外深埋或烧毁,减少病菌在田间传播。②药剂防治。每平方米用64%恶霜·锰锌可湿性粉剂,或50%甲霜酮可湿性粉剂,或72%霜疫清可湿性粉剂,或72%霜脲·锰锌可湿性粉剂8克,加15千克干细土拌匀后,均匀施入苗床内,进行土壤消毒。每667平方米用硫酸铜250克随水灌入沟内,一茬黄瓜使用3次,可控制病菌传播;发病初期可用64%恶霜·锰锌可湿性粉剂400倍液,或72.2%霜霉威水剂600～800倍液,或72%霜疫清可湿性粉剂或72%霜脲·锰锌可湿性粉剂600倍液喷雾,每隔6～7天喷1次,并结合灌根,每株用250毫升药液灌根，连续喷灌3～4次。

4. 炭疽病

【症　状】 从幼苗到成株皆可发病，幼苗发病，多在子叶边缘出现半椭圆形淡褐色病斑，上有橙黄色点状胶质物；茎部发病，近地面基部变黄褐色，渐缢缩，后折倒。成叶染病，病斑近圆形，直径4～18毫米，灰褐色至红褐色，严重时，叶片干枯。茎蔓与叶柄染病，病斑椭圆形或长圆形，黄褐色，稍凹陷，严重时病斑连接绕茎一周，植株枯死。瓜条染病，病斑近圆形，初为淡绿色，后呈黄褐色，病斑稍凹陷，表面有粉红色黏稠物，后期开裂。

【发病规律】 病原为半知菌亚门的瓜类刺盘孢菌，病菌主要以菌丝体和分孢盘随病残体在土中存活越冬，其次以菌丝体潜伏在种皮内越冬，也可以在日光温室棚架上存活。病菌以分孢盘产生的分生孢子作为初侵染与再侵染接种体，借助风雨、小昆虫活动传播，从伤口或表皮侵入致病。发病适温为22℃～24℃，湿度是诱发本病的主导因素。在适宜条件下，空气相对湿度越大越易发病。植地连作、排水不良、土壤黏重偏酸，或偏施氮肥、温室光照不足、通风排湿条件差，均易诱发病害。植株通常在生长中后期受害加重，瓜果的感病机会亦随果实成熟度而增加。

【防治方法】 发病初期喷洒50%异菌脲1 000倍液，或80%炭疽福美可湿性粉剂800倍液，或2%武夷菌素水剂200倍液，或菌核净600～800倍液，或40%嘧霉胺悬浮剂1 200倍液。如遇阴天，须用5%万霉灵粉尘剂喷粉，每667平方米温室喷1千克；或用25%灰霉清烟雾剂熏蒸，每667平方米温室用300～400克。

5. 灰霉病

【症　状】 该病是日光温室冬季黄瓜生产最重要的病害之

一。成株期发病,主要危害果实,也可危害叶片和茎。病菌主要从开败的雌花花瓣侵入,造成花腐烂,并长出灰色霉层。进而危害柱头,然后向果实扩展。果实发病,开始果皮呈灰白色水渍状,病部逐渐变软、腐烂,出现大量的灰色霉层。以后花瓣枯萎脱落,被害幼瓜轻者生长停滞,严重时瓜条腐烂脱落。如病花、病果落在叶片和茎上,则引起叶片和茎上发病。叶片病斑呈"V"形,有轮纹,后期也生灰霉。茎主要在节上发病,病部表面灰白色,密生灰霉,当病斑绕茎一圈后,茎蔓折断,其上部萎蔫,整株死亡。

【发病规律】 病原真菌主要以菌丝体、分生孢子在病残体上越冬,或以菌核在土壤中越冬。分生孢子借气流、灌溉水和田间操作传播。发病的适温为20℃左右。空气相对湿度为70%时病害开始发生,相对湿度达90%以上时,发病严重。可见,灰霉病菌喜低温、高湿和弱光条件,加上肥料不足,长势弱,灌水过多,通风不好,更有利于病害发生和发展。

【防治方法】 ①农业防治。使用无滴膜,及时清洁棚面尘土,增加光照;适时灌水,不要大水漫灌,切忌阴天灌水,防止湿度过大;寒流来临时,做好保温工作;黄瓜凋萎后的花瓣应及时摘除,装在塑料袋内,带出野外深埋或烧毁,可明显减少病菌在田间传播;收获后彻底清除病残体,并深埋15厘米以上,将表土菌核翻入底层,减少初侵染源;重病地块可在盛夏休闲时深埋后灌水淹田,并将水面漂浮物捞出深埋或烧掉。②药剂防治。定植前几天,用50%万霉灵可湿性粉剂800倍液向苗床喷洒,做到瓜苗带药定植;选用50%腐霉利可湿性粉剂1500倍液,或50%异菌脲可湿性粉剂1000倍液,或50%乙烯菌核利可湿性粉剂1000倍液,从黄瓜花期开始喷药,着重喷花,每7天喷1次,连续喷3～4次;发病前用腐霉利烟剂或25%多霉清烟剂熏蒸,每667平方米每次用250克,在傍晚密闭温室烟熏防治,每7天熏1次。

6. 白 粉 病

【症　状】 白粉病俗称“挂白灰”，各地普遍发生，是保护地黄瓜栽培中的重要病害之一。该病从苗期至收获期均可发生，主要危害叶片，叶柄、茎次之，果最轻。发病初期叶面或叶背产生白色近圆形的小粉斑，环境适宜时，逐渐扩大成边缘不明显的连片白粉斑，上面布满白色粉末状的霉，病叶枯黄发脆，但不易脱落。有时(多在秋季)病斑上出现散生或成堆的小黑点。叶柄与嫩茎上的症状与叶片相似，但白粉较少。病害逐渐由植株下部往上发展。白粉后期可变成灰白色或红褐色，严重时植株枯死。

【发病规律】 在低温干燥地区，病原真菌以闭囊壳随病残体在土壤中越冬，在保护地或较温暖的地区以菌丝体在黄瓜植株上越冬。病菌产生分生孢子借气流或雨水传播，露地田间湿度大、温度为16℃～24℃时该病易流行，高温干旱病情受抑制。日光温室湿度大，空气不流通，发病比露地早且重。

【防治方法】 ①农业防治。与非瓜类作物进行3年以上轮作；收获后彻底清除病残体并烧毁或深埋；定植前每100立方米空间用硫磺粉200～250克和锯末500克掺匀，密闭温室熏一夜；定植后注意通风透光，降低温室内湿度，及时供应肥水，防止瓜株徒长或脱肥早衰。②药剂防治。发病初期喷洒27%高脂膜乳剂50～100倍液，或2%嘧啶核苷类抗菌素水剂或2%武夷菌素水剂200倍液。白粉病对硫特别敏感，可选用40%多·硫胶悬剂800倍液，或40%硫酸胶悬剂500倍液，或25%三唑酮可湿性粉剂2000倍液，或20%三唑酮乳油1500倍液，或12.5%腈菌唑乳油5000倍液，每7～10天喷1次，连喷2～3次。

7. 黑 星 病

【症　状】 幼苗染病，子叶上产生黄白色圆形斑点，子叶腐烂，严重时幼苗整株腐烂；稍大幼苗刚露出的真叶烂掉，形成双头苗、多头苗。该病侵染嫩叶时，起初为近圆形小斑点，进而扩大为2～5毫米淡黄色病斑，干枯后呈黄白色，易穿孔，边缘呈星纹状；嫩茎染病，初为水渍状暗绿色梭形斑，后变暗色，凹陷龟裂，湿度大时病斑长出灰黑色霉层；生长点染病，心叶枯萎，形成秃桩；卷须染病则变褐腐烂；幼瓜和成瓜均可发病，瓜条染病，起初为圆形或椭圆形褪绿小斑，病斑外溢出透明胶状物，后变为琥珀色，凝结成块。以后病斑逐渐扩大、凹陷，胶状物增多，堆积在病斑附近最后脱落。湿度大时，病斑部密生烟黑色霉层。接近收获期时，病斑多呈疮痂状，空气干燥时龟裂，病瓜一般不腐烂。幼瓜受害，病斑处组织生长受抑制，引起瓜条弯曲、畸形。

【发病规律】 病原真菌以菌丝体存于病株残体，在田间、土壤、棚架中越冬，成为翌年侵染源；也可以以分生孢子附在种子表面或以菌丝体潜伏在种皮内越冬，并成为近距离传播的主要途径。田间主要靠雨水、气流和农事操作传播。病菌从叶片、果实、茎蔓表皮直接穿透，或从气孔和伤口侵入，日光温室一般潜育期为3～6天，露地为9～10天。黄瓜黑星病发病与栽培条件、栽培品种关系密切。该病菌在空气相对湿度为93%以上，日均温为15℃～30℃时较易产生分生孢子，并要求有水滴和营养。因此，当温室内最低温度在10℃以上，空气相对湿度在下午6时至翌日上午10时高于90%，而温室顶及植株叶面结露，是该病发生和流行的重要条件。日光温室黄瓜一般在2月中下旬就开始发病，至5月以后气温高时害仍可发生。

【防治方法】 ①农业防治。加强植物免疫，在未发病地区应严禁从疫区调种和调入带菌种子；应从无病植株采种，防止病害传播蔓延；选用抗病品种，如津春1号、中农13号等高抗黑星病品种；播前用温汤浸种或用50%多菌灵可湿性粉剂500倍液浸种20分钟，可获得较好的防治效果。定植前用烟雾剂熏蒸空棚，杀死温室内残留病原菌。栽培时应注意种植密度，及时通风，采取地膜覆盖及滴灌等节水技术，以降低温室内湿度，尽量使叶面少结露。②药剂防治。发病初期可用50%多菌灵500倍液，或75%甲基硫菌灵600倍液，或2%武夷菌素水剂200倍液，或40%氟硅唑乳油2000～3000倍液进行叶面喷雾，每7～10天喷1次，连续防治3～4次。

8. 白绢病

【症　状】 病茎基部暗褐色，其上生有白色丝状菌丝体，呈辐射状，边缘尤为明显，后期在菌丝体上产生球状菌核。天气潮湿时，菌丝体在地面上蔓延，也产生菌核。果实受害部软腐，表面也产生白色丝状菌丝体和菌核。后期整个果实腐烂。

【发病规律】 以菌核在土中越冬。菌核萌发产生菌丝，从伤口或死腐组织侵入寄主内。在高温潮湿的环境下发病重，疏松沙质土发病也重。

【防治方法】 ①农业防治。消灭病株，深耕翻，加强田间管理，避免果实直接与地面接触。保持地面干燥，防止地面渍水。②药剂防治。用50%混杀硫或36%甲基硫菌灵悬浮剂500倍液，或20%三唑酮乳油2000倍液喷雾，每隔7～10天喷1次。也可用20%甲基立枯灵乳油800倍液于发病初期灌穴或淋施1～2次，每隔15～20天喷1次。

9. 蔓枯病

【症　状】 蔓枯病主要危害瓜蔓，叶与果实亦能受害。病蔓开始在近节部呈褪绿色油渍状斑，稍凹陷，有时溢出黄白色流胶，干燥后红褐色；后期病茎干枯并纵裂，表面散生黑色小点，即病菌的分生孢子器及子囊壳，严重时引起“蔓烂”。叶片上病斑近圆形，有的自叶缘向内呈"V"字形，淡褐色至黄褐色，后期病斑易破碎，病斑上生有许多黑色小点，轮纹不明显。此病与枯萎病不同，它不至于使全株枯死，维管束也不变色。

【发病规律】 该病是真菌引起的病害。病菌随病残体在土中或附在种子、温室棚架上越冬，通过灌溉水传播，从气孔、水孔或伤口侵入。

【防治方法】 发病初期喷洒 70%代森联干悬浮剂 800 倍液，或 40%氟硅唑乳油 8 000 倍液，或 50%醚菌酯干悬浮剂 3 000 倍液，或 50%混杀硫悬浮液 500～600 倍液，或 50%嘧霉胺可湿性粉剂 500 倍液，或 43%戊唑醇悬浮剂 3 000 倍液，或 75%百菌清可湿性粉剂 600 倍液，或 25%嘧菌酯胶悬剂 1 500 倍液，或 10%苯醚甲环唑可分散粒剂 1 500 倍液，或 70%甲基硫菌灵可湿性粉剂 500 倍液等。每 667 平方米温室还可用 30%百菌清烟剂 250 克熏烟，每 7～10 天熏 1 次，连续熏 2～3 次。

10. 枯萎病

【症　状】 枯萎病又称蔓割病、萎蔫病，是黄瓜的重要病害之一。黄瓜从幼苗到成株均可发此病，以开花到结果期发病较重，田间发病率为 10%～30%。日光温室黄瓜受害严重，常造成全株枯死。发病植株水分不能通过导管向上运输，引起叶片自下而上逐渐萎蔫，中午萎蔫明显，早晚恢复正常，2～3 天后不再恢复，叶片全部萎蔫下垂，植株死亡。病茎基部稍收缩，常纵裂，表面流出粉红色胶质物；潮湿时，根部腐烂，易拔起。幼苗发病时，有的不能出土即腐烂，有的出土不久顶端出现失水状，子叶萎蔫下垂，茎基部变褐收缩，发生猝倒。

【发病规律】 该病病原真菌在土中病株残体上越冬，生活力很强，可存活 5～6 年，种子和未腐熟的畜粪也能带菌。通过灌溉水、雨水和昆虫传播，从植株伤口或根毛处侵入，在维管束内寄生，阻塞导管，并可分泌毒素引起发病。

【防治方法】 ①农业防治。与非瓜类蔬菜实行 3 年以上轮作；采用嫁接换根栽培，以黑籽南瓜作砧木，可预防发病；利用夏季保护地休闲期间对土壤进行高温消毒；灌水要掌握小水勤灌，切忌大水漫灌，最好采用膜下滴灌；发现病株立即连根带土拔除，并带出田外深埋或烧毁，同时在病穴及四周灌注 20%石灰乳或 40%代森铵乳剂 400 倍液，进行土壤消毒，以减少菌源；在早晨露水未干时，向植株根部撒施石灰和草木灰混合粉（1 份石灰与 3～4 份草木灰混匀）。②药剂防治。播种前用 50%多菌灵可湿性粉剂或 50%福美双可湿性粉剂拌种，用药量分别为种子重量的 0.1%和 0.4%；或用福尔马林 100 倍液浸种 30 分钟，清水洗净后催芽播种；定植前穴施或沟施甲福混剂（70%甲基硫菌灵与 50%福美双等量混合药），加 50 倍细土配成的药土，每 667 平方米施药 2.5 千克，防效显著；选用 30%DT 杀菌剂（琥胶肥酸铜）300 倍液，或 10%双效灵水剂 300 倍液灌根，每株灌 250～500 毫升，每隔 7～10 天灌 1 次，共灌 2～3 次；最好在黄瓜开花坐果期用 50%硫菌灵可湿性粉剂或 50%多菌灵可湿性粉剂 500 克对水 60 升灌根，每株灌 200 毫升，每 7～10 天灌 1 次，连灌 2 次，即可控制病情发展；用甲福混剂每 50 克加面粉 500 克调成药糊涂在发病黄瓜茎基部。

11. 细菌性角斑病

【症　状】 幼苗子叶发病，产生圆形水浸状病斑，凹陷，褐色，干枯。成株期发病，叶子上初生针头大小的水浸状斑点，扩大成多角形，黄褐色。潮湿时，叶背面病斑呈乳白色黏液菌脓，干后呈白色粉末状。病斑质脆，易穿孔。茎、叶柄及幼瓜上病斑为水浸状，近圆形淡灰色，病斑常开裂。湿度大时，病瓜条的病部流出菌脓。病斑沿维管束向果肉内延伸到种子，致使种子带菌，瓜条腐烂、有臭味。

【发病规律】 病原细菌主要潜伏在种子内,或随病残体残留在土壤中越冬。通过雨水、昆虫和农事操作传播,从植株伤口或自然孔口侵入,由病斑上的菌脓再侵染。该病发育适温为18℃～28℃,温暖、多雨、低洼及连作地等发病重。

【防治方法】 ①农业防治。使用新苗床或无病床土育苗;日光温室应实行2年以上轮作,不能轮作的应进行土壤和空间消毒;播种前,将种子用55%温水烫15分钟,或用100万单位农用链霉素500倍液浸种2小时,以杀灭种子上附着的细菌。②药剂防治。可选用5%防细菌粉尘在早晚施用;用30%DT杀菌剂500倍液,或农用链霉素500倍液,或新植霉素200毫克/千克喷施防治。也可喷施1∶2∶300波尔多液或1∶4∶600的铜皂液,每667平方米用药70千克左右。

12. 细菌性斑点病

【症　状】 该病主要危害叶片,多以中上部叶片发病重。初期出现油浸状褪绿圆形小斑点,逐渐扩大成直径1～3毫米近圆形或多角形淡褐色病斑,病斑周围有油浸状褪绿晕圈。发病重时,叶片上布满病斑,可造成叶片早枯。

【发病规律】 该病为野油菜黄单胞菌所致。病菌随病残体在土壤中越冬,也可随种子越冬,靠风、雨传播。发病适宜温度为22℃～25℃,空气相对湿度在95%以上病菌侵入时需要叶面水膜存在。保护地黄瓜重于露地黄瓜。保护地黄瓜多在通风口或薄膜破漏处发病。

【防治方法】 同细菌性角斑病。

13. 细菌性缘枯病

【症　状】 主要危害叶片。多在叶片背面产生水浸状小斑点，逐渐扩大为淡褐色不规则形病斑，或由叶缘向叶片中间扩展成"V"形斑。病斑油浸状，周围有晕圈。果实发病，多在果尖部发生水浸状褐色病斑，湿腐，后脱水干枯，黄化凋萎。湿度大时，病部溢出少量白色菌脓。

【发病规律】 该病为边缘假孢菌所致。病菌随病残体在土壤中越冬，种子也可带菌，借风雨、农事操作传播。病菌喜温和湿润的条件，温度为 20℃，空气相对湿度为 90%以上，叶面有结露或叶缘溢水，是病菌活动和侵入的重要条件。因此，春茬保护地黄瓜尤其是日光温室黄瓜发病重。

【防治方法】 同细菌性角斑病。

14. 花叶病

【症　状】 发病初期叶脉透明，几天后成为花叶，并形成黄绿或深绿疱斑，叶面常皱缩不平，出现各种畸形，明显变窄；有的病叶粗糙呈革质，绒毛脱落；有的叶基变长，侧翼变狭变薄，呈现绷紧状态，叶尖细长，呈"鼠尾状"；有的病叶叶缘向上卷曲。有时叶脉出现深褐色坏死，或沿叶脉出现闪电状坏死。早期受侵染的植株明显矮化，高度不及健株的 1/2，根系发育不良。

【发病规律】 黄瓜花叶病毒不能在干叶已死亡的组织内生存，主要在多年生寄主植物或留种蔬菜上越冬，翌年春天主要由蚜虫传至黄瓜。蚜虫越冬基数高。春季蚜虫发生早且数量多，将导致黄瓜花叶病的流行。

【防治方法】 ①种植抗病品种，如中农 7 号、中农 8 号、津春 4 号等。彻底防治蚜虫，定苗后和移栽前彻底铲除日光温室周围杂草，并喷药防治蚜虫。利用银灰色地膜避蚜防病。②种子消毒，用 10%磷酸钠溶液浸种 20 分钟，用清水冲洗 2～3 次后催芽或播种；农事操作时避免相互摩擦、伤根等。③药剂防治，发病后喷施植物病毒钝化剂；用 2%宁南霉素水剂 200～300 倍液，或 20%病毒克星(苦参碱・硫磺・氧化钙)水剂 400 倍液,或 20%吗胍・乙酸铜可湿性粉剂 600 倍液喷雾,可间隔 7～10 天再喷药 1 次。

15. 绿斑花叶病毒病

【症　状】 分为绿斑花叶和黄斑花叶。绿斑花叶型,苗期发病,幼苗顶尖部 2～3 片叶呈亮绿或绿色斑驳,叶片较平,产生暗绿色斑驳的病部隆起,新叶深绿,叶片变小,引起植株矮化,叶片斑驳扭曲。瓜条染病表面出现深绿色花斑,有的产生瘤状物,果实畸形。黄斑花叶型症状与绿斑花叶型相似,但叶片上产生淡黄色星状疱斑,老叶近白色。

【发病规律】 该病为黄瓜绿斑花叶病毒所致。病毒在种子和土壤中越冬,通过风雨、农事操作传播,暴风雨或中耕时伤根病毒容易侵染,田间温度高时发病重。

【防治方法】 同黄瓜花叶病。

16. 根结线虫病

【症　状】 病株发病轻微时,叶片黄化,中午天热时叶片有些萎蔫。发病重时,植株明显矮化,长势弱,叶片萎蔫枯黄,一般植株提早枯死。观察病株的根部,主根朽弱而侧根和须根发达,并在侧根和须根上形成许多根结,俗称"瘤子"。剖开较大的根结,在病部组织里可见到极小的鸭梨形的白色线虫。

【发病规律】 该病为线虫所致,线虫以卵随病残体在土壤中越冬。靠病土、病苗及灌溉水传播。根结线虫多分布于 20 厘米深的土层内,在地温为 20℃～30℃、土壤湿度为 40%～70%条件下,线虫发生很快。一般土质疏松的地块适于线虫存活。连茬地病重,保护地重于露地。

【防治方法】 ①黄瓜与禾本科作物轮作 2～3 年,床土消毒,施用充分腐熟的有机肥；前茬作物收获后进行 20 厘米以上的深翻，彻底清除田间、地头杂草。②发病地淹水淤灌 4 个月；保护地可在拉秧以后，在盛夏季节挖沟起垄，沟内灌满水，覆盖地膜，密闭 15～20 天，杀灭土壤中的线虫效果很好。③可在播种或定植前 15 天，每 667 平方米用 33%威百亩水剂 3～4 千克加水 50～75 升，开沟灌施，然后覆土；或在定植时每 667 平方米穴施 10%噻唑磷颗粒剂 5 千克。田间发病时，可对发病的部位用 50%辛硫磷乳油 1 500 倍液，或 80%敌敌畏乳油 1 000 倍液，或 90%敌百虫晶体 800 倍液灌根，每株灌药液 250～500 毫升。

二、虫　害

1. 美洲斑潜蝇

【为害特点】　美洲斑潜蝇成虫、幼虫均可为害，雌成虫飞翔过程中将植物叶片刺伤取食并产卵，叶片上布满约 0.5 毫米的半透明的斑点。成虫产卵有选择高处的习性，以新生叶片为多；幼虫潜入叶片和叶柄为害，产生不规则蛇形白色虫道，幼虫排泄的黑色虫粪交替地排在虫道两侧，虫道的长度和宽度随幼虫生长而增大，终端明显变宽。

【为害习性】　美洲斑潜蝇是一种多食性害虫，寄主广泛，其中瓜类作物受害较重。美洲斑潜蝇生长发育适宜温度为 20℃～30℃；温度低于 13℃或高于 35℃时，其生长发育受到抑制。在正常情况下，1 年可完成 15～20 代，若进入冬季日光温室，1 年可完成 20 代以上。美洲斑潜蝇具有个体小、繁殖能力强、食量大等特点，偌大一片瓜叶在 1 周左右时间里可被它吃尽叶肉，仅留上下表皮，致使叶片叶绿素被破坏，影响光合作用，受害重的叶片干枯脱落。

【防治方法】 ①强化检疫监管，严格检疫，防止该虫扩大蔓延。北运菜发现有斑潜蝇幼虫、卵或蛹时，要禁止北运。②农业防治。将斑潜蝇喜食的瓜类、豆类与其不为害的蔬菜进行轮作，或与苦瓜、芫荽等有异味的蔬菜间作；适当稀植，增加田间通透性；及时清洁温室，把被斑潜蝇为害的作物残体集中深埋、沤肥或烧毁。种植前深翻土壤，使掉在土壤表层的卵粒不能羽化。③物理防治。在成虫始盛期至盛末期，用黄板或灭蝇纸诱杀成虫，每667平方米设15个诱杀点，每个点放一张灭蝇纸。④生物防治。保护和利用斑潜蝇寄生蜂，如姬小蜂、潜蝇茧蜂等对斑潜蝇寄生率较高，不施药时，寄生率可达60%；施用昆虫生长调节剂5%氟啶脲乳油2 000倍液或5%氟虫脲乳油2 000倍液，对潜蝇科成虫具有不孕作用，用药后成虫产的卵孵化率低，孵出的幼虫死亡。防治时间掌握在成虫羽化高峰的8～12小时，效果更好。此外，喷洒植物性杀虫剂1%苦参素、苦瓜籽浸泡液、烟碱水等对美洲斑潜蝇的防效也很好。⑤药剂防治。在受害作物叶片有5头幼虫时，掌握在幼虫类2龄前喷洒1.8%阿维菌素乳油3 000～4 000倍液，或48%毒死蜱乳油800～1 000倍液，或75%灭蝇胺4 000倍液，7～10天喷1次，连喷2～3次。

2. 蓟 马

蓟马属缨翅目蓟马科，是一种杂食性害虫。

【为害特点】 蓟马为害黄瓜时，其成虫、幼虫锉吸心叶、嫩叶，被害植株生长点萎缩、变黑而出现丛生现象。心叶不能展开，影响正常坐瓜。

【发生条件】 温度、湿度是影响黄蓟马发生的主要因素。黄蓟马发育最适温度为25℃左右。温度低于15℃或高于30℃对黄蓟马发育极不利。土壤湿度与黄蓟马末龄若虫入土及羽化有密切关系。土壤含水量在8%～18%范围内，羽化率较高；含水量高于或低于此范围对黄蓟马的羽化不利。

蓟马以有性生殖和孤雌生殖方式繁衍后代。雌雄成虫一生可交尾多次。卵产于寄主组织内，每雌虫产卵 30～70 粒，卵期 4～9 天，若虫期 3～11 天，蛹期 3～12 天，成虫寿命 6～25 天。

【防治方法】 ①农业防治。加强田间管理。清除田间附近杂草，使用营养杯育苗和防虫网覆盖，防止黄蓟马为害。蓟马具趋光性，可利用蓝色板诱杀。②药剂防治。在蓟马发生期，每株有虫 3～5头时进行喷药防治，在清晨露水未干时喷药。可用 50%辛硫磷乳油 1000 倍液或 10%吡虫啉可湿性粉剂 1500 倍液，也可用菊酯类农药等喷洒。最好在 6 天内连施 2 次药剂。

提起蓟马，很多菜农都觉得难治，甚至有的菜农对其束手无策，主要原因是不清楚蓟马的生活习性。体现在实际生产中，觉得难治的原因有三个：①只重视杀虫，不重视杀卵。对于害虫的防治，菜农多存在急功近利的做法，体现在用药上就是仅注重杀虫，不注意杀卵，所以就容易形成“摁下葫芦浮起瓢”的被动局面，从而让人感觉蓟马相当难治。因此，防治蓟马选用的药剂最好具有虫、卵皆杀功效的药剂，或者杀虫与杀卵的药剂复混使用。例如，可选用 2.5%多杀霉素悬浮剂 1000 倍液＋10%吡虫啉 2000 倍液进行防治。多杀霉素对害虫具有快速的触杀和胃毒作用，对叶片有较强的渗透作用，持效期较长，且有一定的杀卵作用。而吡虫啉则具有触杀、胃毒和内吸等多重作用。②只知用药防治，不管用药时间。防治蓟马与防治其他病虫一样，都是在上午或下午用药，这是菜农的普遍做法。但是，这种做法不适合用于防治蓟马。因为蓟马具有趋花的习性和昼伏夜出的习性，其趋花的习性要求防治蓟马在开花前用药效果才好；其昼伏夜出的习性要求在傍晚用药效果才好。③只喷植株，不喷地面，防治效果不好，这也是造成蓟马难以防治的重要原因。因为蓟马的卵、蛹及成虫隐藏性强，不仅存在于植株上，也大量存在于土壤裂缝中，因而只喷植株杀虫不彻底。为求杀虫彻底，在喷药时应加大用药量，不仅要喷洒植株，还要喷地面，且要喷严喷透。

3. 瓜　蚜

【为害习性】 瓜蚜又叫棉蚜，俗称“蜜虫”、“腻虫”。其寄主繁多，可分为越冬寄主。成虫和若虫均用口针吸取汁液为害。当嫩叶和生长点被害后，由于叶背被刺伤，生长缓慢，叶片卷缩，严重时卷曲成团，生长停止，甚至萎缩死亡。瓜蚜还排泄蜜露，既阻碍正常生长，又招致病菌寄生，在叶片上造成一层煤污斑。瓜蚜冬季以卵在寄主上越冬，繁殖力很强，早春和晚秋 19～20 天完成 1 代，夏季 4～5 天完成 1 代，每一雌蚜在环境条件适宜时，一生可产若蚜达 60～70 头。若蚜蜕皮 4 次变为成蚜。瓜蚜远距离扩散蔓延通过有翅蚜迁飞来进行，一年内 3 次迁飞。第一次由冬寄主向夏寄主上迁飞，由于冬寄主已衰老，营养条件恶化引起。日光温室冬季瓜类本身的衰老和营养条件恶化也可能产生大量有翅蚜。第二次迁飞是在夏季，也就是夏寄主间的扩大蔓延迁飞。由于一年中瓜类蔬菜生产种类多，茬次也多，迁飞规律较为复杂。瓜蚜由冬寄主向夏寄主上迁飞，往往只形成点片发生，此时蚜量不大，为害较轻。但在夏寄主间的迁飞，就形成大面积普遍为害，为害比较严重。所以对瓜蚜要及时防治。

【防治方法】 ①农业防治。防治瓜蚜不仅是为了防止瓜蚜的直接为害，还有防止发生病毒病的作用。育苗或定植前，用敌敌畏熏蒸日光温室，可减少蚜源。日光温室张挂反光幕，既有利于增加光照强度和提高地温和气温，又有避蚜作用。②物理防治。利用蚜虫趋黄的特性，将条形（约 100 厘米×20 厘米）黄色纸板涂 10 号机油后挂于行间，略高于植株以诱杀成虫。每 667 平方米挂 30～40 块，纸板上粘满害虫时，再涂上一层机油，一般 7～10 天涂 1 次。黄板（卡）可兼治美洲斑潜蝇、白粉虱等。还可利用蚜虫对银灰色的负趋向性，在有蚜虫的地方挂银灰塑料条或覆盖银灰膜驱蚜。③ 生物防治。瓜蚜发生初期，释放瓢虫、食蚜瘿蚊、中华草蛉等天敌捕食瓜蚜；或按每平方米温室放烟蚜茧蜂寄生的僵蚜 12 头，见有蚜虫初期开始放僵蚜，每 4 天放 1 次，共放 7 次。放蜂 1 个半月内黄瓜有蚜率在 0～4%之间，有效控制期 42 天。④药剂防治。发现点片瓜蚜时，可用 48%毒死蜱乳油加水 5 倍涂瓜蔓，挑治“中心蚜株”，能有效地控制瓜蚜的扩散。当瓜蚜普遍严重发生时，用敌敌畏毒土熏杀，每 667 平方米用 80%敌敌畏乳油 100～150 毫升，加细土 10～15 千克作载体，拌匀后撒施于叶下；可选用 10%氯氰菊酯乳油 800～1 000 倍液，或 20%甲氰菊酯乳油 2 000 倍液，或 2.5%氯氟氰菊酯乳油 4 000 倍液，或 2.5%联苯菊酯乳油 3 000 倍液喷雾，连续喷 2～3 次，直到完全消灭为止。

4. 白粉虱

【为害习性】 白粉虱俗称“小白蛾子”，寄生范围很广。白粉虱以成虫和幼虫群集在叶背吸食汁液，使叶片褪绿变黄，萎蔫甚至枯死。成虫和幼虫还能排出大量蜜露，引起煤污病的发生，污染叶片和果实，影响呼吸和同化作用，降低产品质量。此外，白粉虱还可传播病毒病。白粉虱在日光温室中可安全越冬，以各种虫态在蔬菜上繁殖为害。一般 35～40 天完成 1 代，数量可增长 30 倍以上，形成翌年虫源基地。春季和初夏该虫由移栽的菜苗传播和成虫飞行扩散，迁到下茬蔬菜或杂草上；秋季和初冬又以基本相同的途径迁入日光温室，完成年生活史。由于保护地和露地蔬菜生产紧密衔接和相互交错，可使白粉虱周年发生。

【防治方法】 ①农业防治。及时清理残枝败叶及杂草，以减少虫源；在日光温室通风口处设置尼龙纱网，控制虫源传播；日光温室秋冬茬栽植较耐低温的绿叶蔬菜，可免受危害并能切断白粉虱的生活史，还节省能源，提高经济效益；冬、春季苗床要与生产日光温室分开，结合整地清除残株杂草，用烟剂熏杀残余成虫，避免在白粉虱发生的日光温室内混栽育苗。有的采用速冻法，在秋延后栽培的蔬菜收获后，于夜间气温在 0℃以下时突然大通风降温，冷冻一夜，基本都能将白粉虱冻死，如有活虫，则再冻一夜，除虫效果更佳。②物理防治。可采用黄板诱杀(具体方法与防治瓜蚜相同)或结合防治霜霉病进行高温闷杀。③生物防治。保护地果菜上初见白粉虱成虫时，释放丽蚜小蜂 3～5 头/株，每隔 10 天放 1 次，共放蜂 3～4 次。丽蚜小蜂主要产卵在白粉虱的幼虫和蛹体内，使其 8～9 天后变黑死亡；或人工释放中华草蛉，1 头草蛉一生平均捕食白粉虱 172.6 头，可有效控制白粉虱发生；或喷洒赤座霉菌菌液，当日光温室温度为 25℃～26℃、空气相对湿度达 90%时，赤座霉菌对白粉虱的寄生率可达 80%～90%。④药剂防治。在白粉虱发生早期和密度较低时喷药，可用 25%噻嗪酮可湿性粉剂 1 000～1 500 倍液，或 10%吡虫啉可湿性粉剂 1 000～1 500 倍液，或 1.8%阿维菌素乳油 2 000～3 000 倍液，注意轮换用药，延长杀虫剂使用年限和延缓抗性产生；当白粉虱发生较重时，于傍晚收工前每 667 平方米用 22%敌敌畏烟剂 0.5 千克，将温室密闭熏蒸，杀灭成虫；每 667 平方米用 5%灭蚜粉尘剂 1 000 克喷粉，对白粉虱有一定的防效。

5. 瓜绢螟

瓜绢螟属鳞翅目螟蛾科，俗称"瓜螟"。它是近年来瓜类作物上常见的害虫之一。

【为害特点】 以幼虫为害瓜类作物的嫩头和幼瓜，也可为害叶片，发生严重时可吃光叶片，仅剩叶脉。

【生活习性】 瓜绢螟一般 1 年发生 4～5 代，以 8～9 月份为害最重。成虫昼伏夜出，卵散产于叶背，或 20 粒左右聚集在一起，卵期 4～6 天，幼虫期 10～12 天。初孵幼虫多集中在叶背取食叶肉,3 龄后吐丝缀合叶片或侵入嫩头为害。严重发生时,常为害幼瓜、花或潜入瓜藤。幼虫生性活泼,遇惊即吐丝下垂转移他处继续为害。

【防治方法】 ①农业防治。清洁温室。黄瓜采收后将枯藤落叶收集集中处理,以降低虫口基数。②人工防治。在幼虫发生期,人工摘除卷叶,捏杀幼虫。③药剂防治。应掌握在卵孵盛期施药,并注意将药液喷洒到叶背或嫩头上。可选用 1.8%阿维菌素乳油 3 000 倍液,40%阿维・敌畏乳油 800 倍液,50%辛硫磷乳油 1 000 倍液喷洒。

6. 黄守瓜

【为害特点】 成虫和幼虫都能为害黄瓜。幼虫在土里专门为害作物根部;成虫食性较杂,吃食叶片、嫩茎和花器,严重时可使全株死亡。

【生活习性】 以成虫在向阳杂草、落叶及土缝间潜伏过冬。翌年春暖后越冬成虫先在菜地、豌豆或杂草上取食,再移迁瓜地为害。此虫喜温好湿,成虫耐热性强,稍有假死性。卵多产在葫芦科植物根部附近的表土或干燥龟裂的土隙中。老熟幼虫在被害瓜根附近做土室化蛹。

【防治方法】 ①提早播种期。当越冬成虫出现盛期时,幼苗已具有 5 片真叶以上,可减轻受害。②在成虫产卵盛期,可单用或混用草木灰、石灰粉、秕糠、锯末等撒在瓜根附近土面和瓜苗叶片上,防止成虫产卵和为害。③在瓜类幼苗移栽前后,掌握成虫盛发期,喷 90%敌百虫晶体 1 000 倍液 2～3 次。幼虫为害时,用 90%敌百虫晶体 1 500 倍液或烟草水 30 倍液点灌瓜根。

7. 斜纹夜蛾

【为害特点】 以幼虫咬食叶、花和果实,该虫大发生时它能将全田植株吃成光秆，导致歉收。

【生活习性】 各地均于7～10月份为害最重。通常每头雌蛾可产卵400粒左右，最多可达2 000～3 000粒。幼龄幼虫群集在卵块附近为害成筛网状，3龄以后分散为害，有假死性，并对阳光敏感，晴天躲在阴暗处或土缝里，夜晚、早晨出来为害。老熟幼虫入土化蛹。

【防治方法】 ①在各代盛卵期，发现卵块和新筛网状被害叶，随手摘杀并集中喷药围歼。②掌握幼虫低龄时期，每667平方米用90%敌百虫晶体50克，或80%敌敌畏乳油40克，或20%氰戊菊酯乳油15克加水60升喷雾，选择在黄昏或清晨用药，效果更好。③可利用蜘蛛、大蟾蜍或赤眼蜂等自然天敌控制斜纹夜蛾为害。

8. 红蜘蛛

【为害特点】 该虫为害植物达32科113种之多。幼螨、若螨和成螨均以刺吸式口器在植物叶背面吸取汁液，呈黄白斑点和红斑。猖獗为害时，全叶变黄、枯焦。

【防治方法】 ①清除田间枯枝落叶和杂草，并耕整土地，以消灭越冬虫态。②加强虫情检查，控制在点生为害阶段，固定查虫人员，做好查、抹、摘、治。③药剂防治。可喷洒20%哒螨灵悬浮剂2 000～3 000倍液(宜早期用)。④利用天敌。如温室释放深刻点食螨瓢虫、七星瓢虫、异色瓢虫、食螨瘿蚊、小花蝽、中华草蛉等控制螨害。

9. 茶黄螨

又名侧多食跗线螨，属蜘蛛纲蜱螨目跗线螨科。该虫全国均有分布，华北、长江一般受害重。

【为害特点】　成螨和幼螨集中在植株的幼嫩部分刺吸植物的汁液，受害叶片背面变灰褐色或黄褐色，具油质光泽或油浸状，叶片边缘向下卷曲；受害的嫩茎、嫩枝变褐色，扭曲畸形，严重时植株顶端干枯。由于螨体极小，肉眼难以发现。因此，上述症状常常被误认为是生理病害或病毒病害。

【发生规律】　在保护地条件下，全年均可发生，但冬季繁殖力较低。在山东省，日光温室5月下旬开始发生，6月下旬至9月中旬为盛发期。冬季主要在日光温室内越冬，少数雌成螨可在农作物和杂草根部越冬。

该虫以两性繁殖为主，也能孤雌生殖，但未受精卵孵化率低。卵散产于嫩叶背面、幼果的凹处或幼芽上，经2～3天孵化。幼螨期为2～3天，若螨期2～3天。初孵幼螨不太活动，随着个体的发育，活动能力逐渐增强。但若螨期停止取食，静止不动。成螨活泼，尤其是雄螨当取食部位变老时，立即向新的幼嫩部位转移并携带若螨，被携带的雌若螨在雄螨体上蜕1次皮变为成螨，即与雄螨交配，并在幼嫩叶上定居。

茶黄螨生活周期短，在温度为28℃～30℃时，完成1代需4～5天，在18℃～20℃时需要7～10天。发育繁殖的最适湿度要求高，因此温暖多湿的环境有利于茶黄螨的发生。茶黄螨靠本身的爬行外，还能被人携带和借风力远距离扩散。

【防治方法】　选用15％哒螨灵可湿性粉剂3 000倍液，73％炔螨特乳油2 000倍液，2.5％联苯菊酯乳油3 000倍液喷洒，每隔10天喷1次，连喷3次。

10. 蛴　螬

蛴螬属鞘翅目金龟甲科金龟子幼虫。一般发生的以铜绿金龟子为主。

【为害特点】　该虫的成、幼虫均可为害。成虫取食叶片，有时花及果实也能受害。幼虫食性杂，主要为害地下根系及根茎部，造成缺苗断垄。植株有伤口有利于病菌侵入诱发病害。

【生活习性】 该虫一般1年发生1代，以幼虫在土中越冬，成虫于5月中下旬至9月上旬发生，6～7月份是其发生盛期。蛴螬具有昼伏夜出性、假死性和趋光性，并对未腐熟的厩肥有强烈趋性。幼虫具有喜湿性。成虫有多次交尾、分批产卵的习性，每雌可产卵近百粒。初孵幼虫先取食土壤中有机质，后取食幼根。3龄后进入暴食期，往往把根茎咬断吃光后再转移为害。春、秋季为害重，且多发生在土壤疏松、厩肥多的地块。

【防治方法】 ①农业防治。施用充分腐熟的有机肥料。适时秋耕，可将部分幼虫翻出地表，人工捡拾或使其风干、冻死或被天敌捕食。可用灯光诱杀成虫。②药剂防治。可用50％辛硫磷乳油或90％敌百虫晶体1 000倍液灌根，每株灌药液200毫升。也可每667平方米用100～150克敌百虫晶体，对少量水稀释后拌细土15～20千克，均匀撒在播种沟(穴)内，再覆盖一层细土后播种。还可每667平方米用50％辛硫磷乳油1千克，开沟施入根际附近，并及时培土。播种前实行药物拌种，用50％辛硫磷乳剂、水、种子按1∶50∶600，拌后闷种3～4小时，其间翻动1～2次，种子干后即播种。在成虫盛发期，喷洒90％敌百虫晶体1 000倍液或2.5％溴氰菊酯乳油3 000倍液等。

三、生理性病害

1. 黄瓜化瓜

【症　状】 化瓜即刚坐住的瓜纽和正在发育中的瓜条生长停滞，由瓜尖至全瓜逐渐变黄、干瘪，最后干枯。保护地黄瓜栽培中经常发生化瓜，特别是冬春茬日光温室化瓜很多，严重时甚至半数以上瓜纽化掉，对产量影响极大。

【发生原因】　黄瓜化瓜是多种原因造成的，总的来说是因为幼瓜在生长过程中没有得到足够的营养物质而停止发育。日光温室育苗和生育前期昼夜温差大，形成的雌花多而雄花少，此时昆虫尚未活动，缺乏授粉媒介，又不进行人工授粉，主要为单性结实。单性结实弱的品种就易化瓜。温室内白天温度高于32℃，夜间温度高于18℃，就会导致黄瓜光合作用受阻，呼吸消耗增加，从而导致营养不良而化瓜；结瓜初期，茎叶生长迅速，瓜条生长缓慢，如果此时连续出现20℃以上的高夜温，养分就会大量向茎叶分配，造成瓜秧徒长而导致化瓜。栽植密度过大，通风不良造成郁闭，幼瓜长期不长，也会发生大量化瓜。黄瓜生长期间遇低温冷害，尤其是地温过低，导致黄瓜根系发育不良，吸收能力降低，使瓜条营养供应不足而化瓜。喷药时正处在花期，以及有毒气体的伤害等，也会引起化瓜。植株生长与结瓜失去平衡，下部瓜不及时采收，造成上部的瓜化掉。

【防治方法】　培育适量壮苗，适时定植，适时稀植，加强通风透光、培养壮根；施足基肥，及时追肥，进行二氧化碳施肥。均匀供水，避免土壤过干过湿；加强通风，防止白天温度过高，适当降低夜间湿度，增加昼夜温差，促进瓜条营养物质积累；增加光照，选用无滴膜，保持膜面清洁，尽量早揭、晚盖草苫；早收根瓜，如瓜码过密、坐瓜太多，要及时疏花疏瓜，防止幼瓜互相争夺养分；注意保温、短期加温，利用阴天中短期放晴的机会，提高棚温，促进黄瓜生长和结果；注意肥水管理及病虫害防治，叶面施用叶面肥或糖尿液，可防止大量化瓜发生。

2. 黄瓜花打顶

【症　状】　在黄瓜保护地栽培中常出现花打顶现象，即黄瓜植株生长停滞，龙头紧聚。生长点不再生长和伸长，顶端小叶片密集，在很短的时间内形成雌雄花相间的花簇，黄瓜形成自封顶，即“花打顶”。如顶端出现小瓜纽，即“瓜打顶”，植株不再有新叶和新梢长出，中下部叶片深绿、表面多皱缩和突起，如不及时采取措施，植株将很快死亡，造成早期减产，严重影响经济收入。

【发生原因】 黄瓜“花打顶”和“瓜打顶”是一种生理病害，其发生的原因是温室内温度偏低，尤其是夜温偏低、昼夜温差大造成的。黄瓜出苗不久，在长出真叶的同时就开始花芽分化。当有3～4片真叶时，植株的生长点已分化出20个以上的叶原基和花原基，叶原基将来长成叶片，花原基将来逐步形成雌花和雄花；黄瓜在日光温室昼夜温差大和短日照的条件下，有利于雌花的形成，而雌花和雄花的形成则需要更多的营养物质，所以雌花形成得过多，就会对营养生长产生抑制，出现“花打顶”或“瓜打顶”。其次，地温偏低，土壤过干或过湿，施用了未腐熟的粪肥，或单一过量使用氮素化肥，造成黄瓜根系发育差，吸收能力弱，形成花打顶。另外，菜农为了追求高产，常使用类似于植物内源激素的赤霉素、增瓜灵等，这样就使黄瓜体内的内源激素增高，使营养物质主要运向雌花，甚至连续出现多个雌花，雄花则退化，成为只有老叶而无新叶的自封顶植株。

【防治方法】 提前育苗，使幼苗处于较高的气温下，使花芽分化阶段夜温不低于13℃，白天温度在23℃以上；采取增光措施，覆盖日光温室的草苫应早揭晚盖，尽量延长日照时间，有条件的还可以用灯光照明；定植后及时中耕，反复松土，提高地温增加土壤通透性，促进根系发育，多发新根；水分供应要充足，定植水和缓苗水一定要灌足，并根据天气、植株的长势以及日光温室的不同位置、水温的高低等因素进行适当的调节；施农家肥要充分腐熟，均匀追肥，避免因施肥不当而造成伤根；对已出现花打顶的植株，及时采收熟瓜，并对雌花多或瓜多的进行疏花疏果，一般健壮植株每株留1～2个果实，弱株上的瓜全部摘掉以抑制生殖生长，迫使养分向营养生长的部位运输；每7天喷施1次细胞分裂素300～400倍液，连喷2～3次，可以有效地促进侧芽萌发，并使其快速生长。

3. 黄瓜有花无瓜

【症　状】 只开雄花。

【发生原因】 该病是由于黄瓜植株体内细胞分裂失调所导致的。黄瓜植株体枝叶藤蔓发育粗壮，才能增强其分蘖发杈能力，雌花、雄花也才能在同株体上均匀地开放。如果黄瓜植株在生长过程中藤蔓失调疯长，就会破坏黄瓜植株体的分枝能力，从而导致黄瓜植株只开雄花不开雌花，或只在蔓梢处开非常有限的几朵雌花，这样就会严重地影响黄瓜的产量和收益。

【防治方法】 防止黄瓜植株只开雄花不结瓜的关键，是严格控制瓜蔓疯长，保证黄瓜植株体生长粗大、健壮。这样，才能增强黄瓜植株体“节外生枝”和雌花、雄花同时开放的能力。对只开雄花不开雌花的植株，采取化学调控措施即可收到良好的效果。具体调控方法是：当黄瓜植株长出4片以上真叶、瓜蔓长出30～40厘米时，每667平方米可用200～500毫克/千克乙烯利(稀释浓度)，或萘乙酸5～10克，或三十烷醇5～10克，或助长素10克(上述植物生长调节剂任选一种即可)加水50～70升，在黄瓜植株上均匀喷施1～2次，即可促进黄瓜植株细胞正常分裂，增强雌花、雄花同时开放的能力，有效解决黄瓜因只开雄花而引起的“不育症”。

4. 黄瓜苦味瓜

【症　状】 在黄瓜保护地栽培中经常出现苦味瓜，轻者食用略有苦味，重者失去食用价值。尤其是根瓜更易出现苦味瓜。

【发生原因】 瓜条发苦的直接原因是苦味瓜素在瓜条中积累过多，主要的影响因素是：偏施氮肥，而磷、钾肥不足，特别是氮肥突然过量，瓜条极易形成苦味素；地温长期低于 13℃，土壤干旱，或土壤盐溶液浓度过高，使根系发育不良，抑制养分和水分的吸收，苦味素易于干燥条件下进入果实；温室内持续高温（30℃以上），使植株同化能力减弱，消耗过多养分，或营养失调等，均会出现苦味瓜。苦味瓜的产生有遗传性，叶色深绿的品种易产生苦味。

【防治方法】 栽培中选用不易产生苦味素的品种；可通过适时适量追肥、灌水和勤中耕来保证土壤水分供应，追肥时氮、磷、钾肥配合施用，避免一次性大量施用氮肥，防止土壤盐溶液浓度过高；外界温度较高时，注意通风降温，避免温度长期高于 30℃。

5. 黄瓜畸形瓜

【症 状】 畸形瓜包括弯曲瓜、尖嘴瓜、大肚瓜、细腰瓜等，黄瓜生长后期出现较多。

【发生原因】 弯曲瓜发生的原因是叶片所制造的同化物质不能顺利地输送到果实中，果实伸长不均衡，使果实不能良好地发育。大肚瓜是在果实膨大期间，先期土壤缺水，后期灌灌大水，果实吸收水分过多而形成的。细腰瓜是两头粗中间细，是由于植株衰弱，营养不足，使果实得不到养分而形成的。

【防治方法】 调节温、湿度与光照；严格管理，争取满足黄瓜各个阶段生长发育对温度、湿度的需求，防止早衰；天气不良造成光照不足时，要采取人工补光措施；吊蔓、落蔓时要防止瓜蔓受伤；采取配方施肥措施。从施基肥开始要做到以有机肥为主，每 667 平方米施优质农家肥 50 000 千克，并按氮：磷：钾＝5：2：6 的比例配施化肥，其化肥总量以每 667 平方米施 100 千克左右为宜；坐果期适量补施硼肥。在病害发生后，要针对不同的病虫害对症施药，喷药的浓度要适宜，次数不宜过多，在喷药后第二天应喷 1 次叶面肥料，用量为 0.2％磷酸二氢钾＋0.2％尿素＋0.1％三元复合肥＋0.2％白糖＋食醋，以提高植株抗逆能力，防止植株早衰。

6. 黄瓜短形果

【症　状】 黄瓜短形果在用南瓜作砧木的嫁接黄瓜上经常发生，果实短，而且果形粗，有人称之为"南瓜型黄瓜"。

【发生原因】 嫁接时接穗和维管束愈合不好，嫁接技术掌握不好，养分和水分在体内运行不畅。特别是定植时土壤干燥，定植覆土后大量灌水，根不能往下扎，而是在土壤的表层横向生长，因此不能充分地吸收养分和水分，在这种情况下，植株长势不会旺盛，易形成短形果。

【防治措施】 要保证嫁接质量；定植前灌透水，肥水管理要适宜。不要低节位留果，低节位留果和雌花发育不完全，子房短，易形成短形果。当植株生长到一定程度时，再让它结果。砧木南瓜的根生长势旺、扎根深，要注意充分发挥其特点。

7. 黄瓜溜肩果

【主要症状】 接近果梗部分的瓜把较细，距瓜刺部位的长度拉长，成溜肩状。也有的呈酒瓶子状。

【发生原因】 温度低时，发生溜肩果多；植株营养不良、长势弱时易发生溜肩果，尤其是下部侧枝上的果实，发生溜肩果多；白刺系比黑刺系品种多结溜肩果，其为遗传性多发品种。在花芽分化时，一旦花芽得不到钙，果实肥大后就会出现溜肩果；氮肥多的时候，以及在氮、钾、钙等积聚的土壤栽种黄瓜均容易引起溜肩果。在低温下，钙的吸收一直受到阻抑，因此在冬季日光温室中发生也较多。此外，被吸收的钙在主蔓中流动转移好，侧蔓较差，因此侧蔓结的溜肩果也多。

【防治措施】 注意适宜温度管理，防止温度过低而抑制黄瓜对钙的吸收。注意养分、水分管理，防止施肥过多，土壤干燥或过湿。应在基肥中施入充足的置换性钙,因其易被根吸收。

8. 黄瓜皱皮瓜

【症　状】 开始时瓜条表面出现凹陷的白色长条状病斑,并有琥珀色、小米粒大的胶粒溢出,后期病斑融合,像长了一层皴皮,病部凹陷但不腐烂。“皴皮”使得黄瓜失去商品性。

【发生原因】 一是温室温度变化大,干湿度变化剧烈,造成瓜皮生长速度慢与瓜肉生长速度快,使得部分瓜皮组织坏死,形成一些细小的裂口并流出胶粒,随着裂口的增多,形成“皴皮”。二是用药不当,瓜皮出现药害,生长慢,而果肉正常生长,导致瓜身发白流胶,尤其是在连阴天骤晴后过量用药发生特别严重。三是过量使用高效坐果灵。蘸花药中高效坐果灵浓度过大,长期积累,或者为促雌花过量喷用高效坐果灵,也会造成黄瓜表皮流胶、“皴皮”。此外,细菌性角斑病也可造成黄瓜瓜身流胶。

【防治方法】 ①及时调节温室内的温度和湿度。晴天时,可采用早通风、通小风,逐渐增加通风量的措施加以防范,避免在棚温达到30℃以上时再通风造成温、湿度变化大的情况发生。阴天时,即使棚温不太高,也要在上午11时前后进行短时通风,以防止瓜条结露影响瓜条的正常生长。②提倡合理用药防病,杜绝乱用乱配和过量用药,防止药害发生。在连阴天过后骤晴时,喷药前应先给瓜条一段适应的缓冲时间,而后再喷药防病。可在晴天的下午喷药防病。③对于过量使用高效坐果灵造成的皴皮,可通过叶面喷施爱多收6 000倍液缓解高效坐果灵的浓度,以减少黄瓜“皴皮”的发生。④对于细菌性角斑病造成黄瓜瓜身流胶,可用50%丁戊己二元酸铜可湿性粉剂500倍液或72%农用链霉素3 000倍液喷雾防治。

9. 黄瓜泡泡病

【症 状】 叶片表面出现大小不规则的瘤状突起，形成泡泡，初呈浅黄色，后泡泡中间出现浅白色小斑点，逐渐干枯，叶片光合作用降低，易出现畸形瓜。

【发病原因】 移植过晚，根系老化，再生受阻，引起吸水与失水的比例失衡；因划锄等作业因素造成伤根，导致吸水小于失水；湿度过大，蒸腾作用减弱；根部病害，造成伤根；激素使用过频，易引起累积中毒。

【防治方法】 适期、适时定植，一般 2 叶 1 心或 3 叶 1 心为定植最佳适期，选择晴天的中午定植。定植前移苗时，尽量少伤根；对土壤过于黏重的地块，增施草木灰、有机肥，改良土壤结构，增加土壤的通透性，促进新根形成；避免使用三唑酮、助壮素、多效唑等农药、激素。防治白粉病可选用甲基硫菌灵、多菌灵代替三唑酮。植株出现徒长，应采取物理方法调节，如适当降低夜温，减少灌水次数，少施氮肥等抑制植株徒长。

10. 黄瓜花斑病

【症 状】 叶脉间的叶肉形成深浅不一的花斑状，以后花斑中的淡色部分逐渐变黄，叶片表面出现凹凸不平，凸出的部分呈黄褐色，最后整个叶片变黄、变硬，同时，随着叶片的变硬，叶缘四周下垂。

【发病原因】 发生花斑病的重要原因是叶片光合作用制造的碳水化合物在叶片中积累所致。由于夜间温度尤其是上半夜的温度低于 15℃，黄瓜叶片白天进行光合作用制造的碳水化合物不能及时输送出去，在叶片中大量积累造成的。另外，与定植初期土壤湿度过低，根系发育较差，引起叶片老化，生理抗性较低也有关系；

钙元素、硼元素不足，也影响碳水化合物在植株中的正常转移而在叶片中积累，引起花斑病。

【防治方法】 适时定植，前期通过中耕松土等措施提高土壤的温度，促进根系的发育。合理施肥，增施充分腐熟的有机肥，注意不要缺钙、硼、镁。结瓜后，要均匀灌水，不能控水过度。做好保温工作，防止夜间温度过低。适时摘心，适当打掉底叶，避免过量施用含铜药剂。

11. 黄瓜叶烧病

【症　状】 叶烧病多发生在植株的中上部叶片，尤其是接近或触及棚膜的叶片更为严重。叶烧初期叶绿素减少，叶片的一部分变成漂白色，后变成黄色枯死。叶烧轻者叶缘烧伤，重者半个叶片或整个叶片烧伤。

【发病原因】 叶烧是高温引起的生理性病害。黄瓜对高温的耐力较强，32℃～35℃不会对叶片造成危害，特别是在空气相对湿度高、土壤水分充足时，容易维持植株体内的水分平衡，温度即使达到 42℃～45℃，短时间内也不会对叶片造成大的伤害。但是在空气相对湿度低于 80%时，遇到 40℃的高温就容易产生高温伤害，尤其是在强光照的情况下更为严重。高温闷棚控制霜霉病，处理不当时极易烧伤叶片。

【防治方法】 加强温室的通风管理，避免长时间出现 35℃以上的高温。当阳光照射过强时，温室内外的温差过大，不便通风降温或经过通风温度仍不降低至所需水平时，可采用遮荫办法降温。温室内的温度过高、空气相对湿度过低时，可喷冷水雾。

高温闷棚要严格掌握温度和时间，以龙头处的气温在 44℃～46℃，并维持 2 小时为安全有效。龙头高触棚顶时要弯下龙头。高温闷棚的前一天晚上一定要灌足水，以提高植株的耐热力。

12. 黄瓜药害

【症　状】①叶片异常。黄瓜受到药害多表现在叶片上,出现的症状多种多样,主要有叶片叶缘干枯或黄化,叶片失绿,叶片畸形,叶片有受到药害的斑点或枯斑等。②结瓜异常。用多效唑控制植株徒长时,在使植株的伸长生长得到良好的控制的同时,有时也会使瓜条的生长明显变短,严重影响黄瓜的商品质量。③苗期在叶面喷洒辛硫磷乳剂,或误用盛装过除草剂而未经处理的喷雾器,会造成植株死亡或叶片枯死。

【发生原因】农药喷洒到黄瓜叶片后,多从气孔、水孔、伤口进入植株体,有的还从枝叶、花、果及根表皮进入;当用药不当时,药剂的微粒直接阻塞叶表气孔、水孔或进入组织后阻塞了细胞间隙,使作物的正常呼吸蒸腾和同化作用受到抑制,药剂进入植物组织或细胞后,还可与一些内含物发生反应,破坏正常的生理功能,出现病变。其主要成因:①毫无顾忌地乱用药,随意增加用药浓度或超量喷洒药液,或粉剂药稀释不匀均可造成黄瓜药害。②缺乏植保方面的基本知识和训练,对病虫害特别是病害,尤其是生理性病害的诊断失误常导致用药失当,或对农药的药性缺乏了解,防治对象、使用方法或用药时间不当。③市场上出售的假冒农药,可能直接给黄瓜造成药害。④高温时用药,或用药浓度过大,或喷洒药液过多,造成药害。

【防治方法】①选择对黄瓜安全的农药。一般无机杀菌剂最易产生药害,有机合成杀菌剂药害可能性较小,植物性杀菌剂最安全。在同一类药剂中,水溶性越大,药害越重。农药质量的优劣对黄瓜的影响也很大,如可湿性粉剂的可湿性能差时,粉粒粗大,在水中沉淀速度快,如不及时搅拌药液下部浓度大,喷后易产生药害。②选择耐药力强的时期施药,一般苗期及花期以及幼嫩组织及徒长植株易产生药害。③选择在适宜的环境条件下施药,一般在气温高、湿度大、光照强的环境下，药剂的活性增强，浓度高，作物代谢旺盛，药剂易进入植物体引起药害，因此，应尽量避开热天的中午喷药。④选择正确的施药技术，严格按照规定浓度用量配药，禁止用被污染的水稀释农药。⑤及时采取补救措施。产生药害后出现抑制生长时，可喷用30～50毫克/千克赤霉素，再配合白糖100倍液。出现叶片急速扭曲下垂的，可立即喷用白糖100倍液，一般可迅速解除药害。对除草剂造成的药害，如果药害不十分严重，可喷用抗病威或病毒K500倍液；对于出现严重抑制生长的植株，可用原液涂抹生长点(部)。对其他农药药害，一般采用叶面喷用硫酸锌600～700倍液，促使植株体自身产生赤霉素，从而解除和减缓药害。

13. 黄瓜缺氮症

【症　状】 植株生长缓慢并矮化，叶呈黄绿色，严重时叶呈浅黄色；全株变黄甚至白化，茎叶变硬、纤维多，瓜蒂浅黄色。

【发病原因】 ①土壤本身含氮量低。②种植前施大量未腐熟的作物秸秆或有机肥，碳素多，其分解时夺取土壤中的氮素。③黄瓜产量高，收获量大，从土壤中吸收氮素多而追肥不及时。

【防治方法】 施用新鲜的有机物作基肥时要增施氮素；施用完全腐熟的堆肥；应急措施是叶面喷施0.2%～0.5%尿素液。

14. 黄瓜缺磷症

【症　状】 植株矮化，叶小，叶深绿色，叶片僵硬，叶脉呈紫色。尤其是底部老叶表现更明显，叶片皱缩并出现大块水渍状斑，并变为褐色干枯。

【发病原因】 ①堆肥施用量小，磷肥用量少，易发生缺磷症。②地温常常影响对磷的吸收。温度低，对磷的吸收就少，日光温室等保护地冬春或早春易发生缺磷。

【防治方法】 ①黄瓜是对磷不足敏感的作物。土壤缺磷时，除了施用磷肥外，预先要培肥土壤。②苗期特别需要磷，注意增施磷肥。③施用足够的堆肥等有机质肥料。

15. 黄瓜缺钾症

【症　状】 植株矮化，节间变短，叶片小，开始呈青铜色而后逐渐呈黄绿色，主脉下陷，叶缘干枯。失绿症先从下部老叶出现，逐渐向上部新叶发展。

【发病原因】 ①土壤中含钾量低，施用堆肥等有机质肥料和钾肥少，易出现缺钾症。②地温低，日照不足，过湿，施铵态氮肥过多等，阻碍对钾素的吸收。

【防治方法】 ①施用足够的钾肥，特别是在生育的中、后期不能缺钾。②施用充足的堆肥等有机质肥料。③如果钾不足，每667平方米可用硫酸钾15～20千克做一次追施。④应急措施是叶面喷施0.2%～0.3%磷酸二氢钾溶液或1%草木灰浸出液。

16. 黄瓜缺镁症

【症　状】 黄瓜在生长发育过程中，生育期提前，果实开始膨大并进入盛期的时候，下部叶叶脉间的绿色渐渐地变黄，进一步发展后除了叶脉、叶缘残留一点绿色外，叶脉间全部黄白化。老叶先发生黄化，逐渐向幼叶发展，最后全株黄化。

【发病原因】 ①在低温条件下，镁在黄瓜植株体内的移动速率降低，而出现缺镁症。②土壤中磷、钾过多，阻碍了黄瓜对镁的吸收，这个问题尤其在日光温室栽培作物上反应更明显。③土壤中铵态氮过剩时能使黄瓜缺镁症加重。

【防治方法】 ①如土壤缺镁，栽培前要施用充足的镁肥，镁肥施用可以与施用石灰结合起来。②避免一次施用过量的、阻碍对镁吸收的钾、氮等肥料。③一旦发现叶片出现缺镁症，应急对策是用1%～1.5%硫酸镁或硝酸镁水溶液喷洒叶面。

17. 黄瓜缺锌症

【症　状】　缺锌时，赤霉素含量降低，生长受到抑制，茎节短，叶较硬，新生叶较小，叶缘下垂，严重时出现簇叶生长点，症状像病毒病，叶脉间失绿，呈淡金黄色。

【发病原因】　①光照过强易发生缺锌。②若吸收磷过多，黄瓜植株即使吸收了锌，也表现缺锌症状。③土壤碱性高，即使土壤中有足够的锌，但其不溶解，也不能被黄瓜所吸收利用。

【防治方法】　①平衡施肥，不要过量施用磷肥，多施有机肥料。②土壤缺锌时，每667平方米可以施用硫酸锌1.5千克。③应急对策是用0.1%～0.2%硫酸锌溶液喷洒叶面。

18. 黄瓜缺硼症

【症　状】　硼参与碳水化合物的分配和运转，缺硼叶片肥厚、起疙瘩，由叶脉黄化向叶肉扩大，叶片外卷畸形，叶缘不规则褪绿，呈细线状。严重缺硼时，生长点叶萎缩枯干，果实木质化，内有空洞。

【发病原因】　①酸性砂壤土一次施用过量的碱性肥料，易发生缺硼症状。②土壤干燥影响对硼的吸收，易发生缺硼。③土壤有机肥施用量少，土壤碱性高的日光温室土壤也易发生缺硼。④施用过多的钾肥，影响了对硼的吸收，易发生缺硼。

【防治方法】　①每667平方米施用硼砂0.5～2千克。喷施一般用0.1%～0.2%硼砂或硼酸溶液。②增施有机肥料，防止过量施氮。有机肥料全硼含量为20～30毫克/千克，施入土壤后能提高土壤供硼水平。同时，要控制氮肥用量，以免抑制对硼的吸收。③土壤过于干燥时要及时灌水，保持湿润，增加对硼的吸收。

19. 黄瓜缺铁症

【症　状】　上部叶片除叶脉外变黄，严重时白化，芽生长停止，叶缘坏死完全失绿。

【发病原因】　磷肥施用过量，碱性土壤或土壤中铜、锰过量或土壤过干、过湿、温度低，均易发生缺铁。

【诊断要点】　①缺铁的症状是出现黄化，叶缘正常，不停止生长发育。②调查土壤酸碱性。出现上述症状的植株根际土壤呈碱性，有可能是缺铁。③在干燥或多湿等条件下，根的功能下降，吸收铁的能力下降，就会出现缺铁症状。④植株叶片全叶黄化，则为缺铁症；如果是斑点状黄化或叶缘黄化，则可能是由于其他生理病害所致。

【防治方法】　①尽量少用碱性肥料，防止土壤呈碱性，保持土壤 pH 值为 6～6.5。②注意土壤水分管理，防止土壤过干过湿。③对缺 铁土壤每 667 平方米施用硫酸亚铁 2～3 千克作基肥。④应 急对策是用 0.1%～0.5%硫酸亚铁溶液或 100 毫克/千克柠檬酸铁溶液喷洒叶面。

20. 黄瓜氮素过剩症

【症　状】　叶片肥大而深绿，中下部叶片出现卷曲，叶柄稍微下垂，叶脉间凹凸不平，植株徒长。受害严重时，叶片边缘受到随"吐水"析出的盐分危害，出现不规则黄化斑，并会造成部分叶肉组织坏死。受害特别严重的叶及叶柄萎蔫，植株在数日内枯萎死亡。

【发病原因】　施用铵态氮肥过多，特别是遇到低温或将铵态氮肥施入到消毒的土壤中，消化细菌或亚硝化细菌的活动受抑制，铵在土壤中积累的时间过长，引起铵态氮过剩；易分解的有机肥施用量过大；温室种植年限长，土壤盐渍化。

【防治方法】 ①实行测土施肥。根据土壤养分含量和黄瓜需要，对氮、磷、钾和其他微量元素实行合理搭配并科学施用，尤其不可盲目地施用氮肥。在土壤有机质含量达到2.5%以上的土壤中，应避免一次性每667平方米施用超过5 000千克的腐熟鸡粪。②在土 壤养分含量较高时，提倡以施用腐熟的农家肥为主，配合施用氮素化肥。③如发现黄瓜缺钾、缺镁症状，应首先分析原因，若因氮素过剩引起缺素症，应以解决氮过剩为主，配合施用所缺肥料。④如发现氮素过剩，在地温高时可加大灌水缓解，喷施适量的助壮素，以延长光照时间，同时注意防治蚜虫、霜霉病等病虫害。

21. 黄瓜磷素过剩症

【症　状】 叶脉间的叶肉上出现白色小斑点，病健部分界明显，外观上与某些细菌性病害类似。

【发病原因】 由于过量施用磷肥所至。磷素过多能增强作物的呼吸作用，消耗大量碳水化合物，叶肥厚而密集，系统生殖器官过早发育，茎叶生长受到抑制，引起植株早衰。由于水溶性磷酸盐可与土壤中锌、铁、镁等营养元素生成溶解度低的化合物，从而降低上述元素的有效性。因此，由于磷素过多而引起的病症，除表现出上述症状外，有时会以缺锌、缺铁、缺镁等失绿症状表现出来。

【防治方法】 防治磷过剩的方法较简单，减少磷肥施用量即可。注意科学施用磷肥，在减少磷肥施入量的同时，提高肥效。土壤如为酸性，磷呈不溶性，虽然土中有磷的存在也不能吸收，因此要适度改良土壤酸度，以提高肥效。施用堆厩肥，磷不会直接与土壤接触，可减少被铁或铝所结合，对根的健全发育及磷的吸收很有帮助。

22. 黄瓜锰素过剩症

【症　状】 首先从下部叶开始,叶的网状脉变褐,然后主脉变褐,沿叶脉的两侧出现褐色斑点。首先从下部叶开始,然后逐渐向上部叶发展。

【发病原因】 土壤酸化,大量的锰离子溶解在土壤溶液中,容易引起黄瓜锰中毒。在使用过量未腐熟的有机肥时,容易使锰的有效性增大,也会发生锰中毒。

【防治方法】 由于土壤中锰的溶解度随着 pH 值的降低而增高,所以施用石灰质肥料可以提高土壤酸碱度,从而降低锰的溶解度。在土壤消毒过程中,由于高温、药剂的作用等,使锰的溶解度加大。为防止锰过剩,消毒前要施用石灰质肥料。注意田间排水,防止土壤过湿,避免土壤溶液处于还原状态。施用有机肥时必须完全腐熟。

23. 黄瓜氨气中毒

【症　状】 花、幼叶、幼果等幼嫩组织先发生褐变,后变为白色,严重时萎蔫死亡。

【发生原因】 ①温室内的氨气主要来自未经腐熟的鸡粪、猪粪、马粪和饼肥等有机肥料,这些肥料在高温下发酵时产生出大量氨气并越积越多。②大量施用碳酸氢铵和撒施尿素将产生大量的氨气。当温室内的氨气浓度达到 5～10 毫克/米^3 时,作物就会中毒。

在生产中,氨气中毒易与高温热害相混淆,区别的方法是:用 pH 试纸检测温室内的酸碱度。即在早上日出通风前,用试纸浸蘸温室内膜上的水滴,如呈蓝色的碱性反应,即是氨气中毒;如呈中性或红色的酸性反应,则是高温热害。

【防止措施】 ①施用腐熟人、畜粪尿，不施未腐熟的生肥。②不施或少施碳酸氢铵；尿素用沟施或穴施，施后盖土埋严，不用撒施法。③在保证正常温度的情况下，开窗或卷起膜脚进行通风换气，以排除过多氨气。④可在植株叶片背面喷施1%食用醋，可以减轻和缓解危害。

24. 黄瓜亚硝酸气中毒

【症　状】 亚硝酸气体通过叶片气孔侵入叶肉组织，使叶绿体结构破坏褪色，出现灰白斑。如浓度过高时，叶脉也变成白色；严重时导致植株死亡。

【发生原因】 日光温室内的亚硝酸气体主要来自施氮过多的氮素化肥。土壤中，特别是沙土和砂壤土，如连续施入大量氮肥，土壤中的铵向亚硝酸转化虽能正常进行，但亚硝酸向硝酸转化则会受阻，于是就使土壤中积累起大量的亚硝酸，当温度升高时就变成气体散发在温室内，浓度超过 2～3 毫克/米^3 时，植物就会中毒。中毒多发生在施肥后的一个月。检测方法是用 pH 试纸浸蘸温室内膜上水滴，若呈红色的酸性反应，就是亚硝酸积累过多引起的中毒。

【防止措施】 合理施肥，尤其是施氮肥时要“少量多次”，分次适量施入，并用沟施或穴施。施后与土壤拌匀和用土盖严，切忌重施、多施和撒施，同时做好通风换气。如温室内亚硝酸气体过浓或土壤偏酸时，在土壤中增施石灰，把 pH 值调节至 6.5～7 的范围内，可有效地防止亚硝酸气害。

芽菜苗菜生产技术	7.50元
豆芽生产新技术(修订版)	5.00元
袋生豆芽生产新技术(修订版)	8.00元
草莓良种引种指导	10.50元
草莓标准化生产技术	11.00元
草莓优质高产新技术(第二次修订版)	10.00元
草莓无公害高效栽培	9.00元
大棚日光温室草莓栽培技术	9.00元
草莓园艺工培训教材	10.00元
草莓保护地栽培	4.50元
图说草莓棚室高效栽培关键技术	7.00元
图说南方草莓露地高效栽培关键技术	9.00元
草莓无病毒栽培技术	10.00元
有机草莓栽培技术	10.00元
草莓病虫害及防治原色图册	16.00元
引进台湾西瓜甜瓜新品种及栽培技术	10.00元
大棚温室西瓜甜瓜栽培技术	15.00元
西瓜甜瓜南瓜病虫害防治(修订版)	13.00元
图说棚室西瓜高效栽培关键技术	12.00元
怎样提高西瓜种植效益	8.00元
西瓜栽培技术(第二次修订版)	6.50元
西瓜无公害高效栽培	10.50元
无公害西瓜生产关键技术200题	8.00元
西瓜标准化生产技术	8.00元
西瓜园艺工培训教材	9.00元
提高西瓜商品性栽培技术问答	11.00元
无子西瓜栽培技术(第2版)	11.00元
西瓜栽培百事通	17.00元
南方小型西瓜高效栽培	8.00元
西瓜病虫害及防治原色图册	15.00元
甜瓜标准化生产技术	10.00元
甜瓜优质高产栽培(修订版)	7.50元
怎样提高甜瓜种植效益	9.00元
保护地甜瓜种植难题破解100法	8.00元
甜瓜保护地栽培	10.00元
甜瓜园艺工培训教材	9.00元
甜瓜病虫害及防治原色图册	15.00元

以上图书由全国各地新华书店经销。凡向本社邮购图书或音像制品，可通过邮局汇款，在汇单“附言”栏填写所购书目，邮购图书均可享受9折优惠。购书30元(按打折后实款计算)以上的免收邮挂费，购书不足30元的按邮局资费标准收取3元挂号费，邮寄费由我社承担。邮购地址：北京市丰台区晓月中路29号，邮政编码：100072，联系人：金友，电话：(010) 83210681、83210682、83219215、83219217(传真)。